THE END OF EVERYTHING

宇宙毁灭的5种方式

[美] 凯蒂·麦克 著

秦鹏 译

Katie Mack

北京联合出版公司

Beijing United Publishing Co.,Ltd.

万物的终结

[美] 凯蒂·麦克 著

秦鹏 译

图书在版编目（CIP）数据

万物的终结 / (美) 凯蒂·麦克著；秦鹏译. -- 北京：北京联合出版公司, 2023.1
ISBN 978-7-5596-5917-0

Ⅰ.①万… Ⅱ.①凯… ②秦… Ⅲ.①宇宙学－普及读物 Ⅳ.①P15-49

中国版本图书馆CIP数据核字(2022)第211031号

The End of Everything

by Katie Mack

北京市版权局著作权合同登记号 图字：01-2022-6287号

出 品 人	赵红仕
选题策划	联合天际·边建强
责任编辑	夏应鹏
特约编辑	张启蒙　孙成义
美术编辑	梁全新
封面设计	吾然设计工作室

关注未读好书

出　　版	北京联合出版公司
	北京市西城区德外大街83号楼9层 100088
发　　行	未读（天津）文化传媒有限公司
印　　刷	三河市冀华印务有限公司
经　　销	新华书店
字　　数	154千字
开　　本	787毫米 × 1092毫米 1/16 13.25印张
版　　次	2023年1月第1版　2023年1月第1次印刷
I S B N	978-7-5596-5917-0
定　　价	58.00元

客服咨询

本书若有质量问题，请与本公司图书销售中心联系调换
电话：(010) 52435752

献给我的母亲

她是我生命的起点

目录

第 1 章

宇宙简介

有人说世界将毁于烈焰，有人说会亡于寒冰。

根据我对欲望的体悟，我赞成烈焰的主张。

但是如果它一定要消亡两次，

我想凭我对仇恨的了解，

我要说寒冰的毁灭之力也很强大，

足以胜任。

——罗伯特·弗罗斯特[①]，1920年

---

① 罗伯特·弗罗斯特（Robert Frost，1874—1963），20 世纪最受欢迎的美国诗人之一。

古往今来，世界将如何终结的问题一直是诗人和哲学家猜测和辩论的主题。当然，时至今日，科学的发展告诉了我们答案：是火。绝对是火。再过大约50亿年，太阳将膨胀为红巨星，吞噬水星甚至金星的轨道，并把地球变成一团烧焦的岩石，那里的生命不复存在，到处是横流的岩浆。即使是这种毫无生机的余烬，最终的命运也可能是螺旋式地进入太阳的外层，在垂死恒星的汹涌大气中分解成一粒粒原子。

因此，火，就是定论。弗罗斯特第一次的猜想是对的。

但是，他思考的格局还不够大。我是一个宇宙学家。我研究宇宙，把它作为一个整体，并以最大的尺度来研究。从这个角度来看，地球只是一粒让人伤感的微尘，迷失在广袤多变的宇宙中。对我来说，无论是出于专业的思考还是个人的兴趣，重要的是一个更大的问题：宇宙将如何终结？

我们知道宇宙有一个开端。大约138亿年前，宇宙从一种难以想象的致密状态，变成一个包罗万象的宇宙火球，再变成一团逐渐冷却的物质和能量流体，并为我们今天看到的恒星和星系埋下了种子。群星形成，星系相撞，光充满了整个宇宙。在一个螺旋星系的边缘，某颗平平无奇的恒星身旁，一颗岩石行星上发展出了生命、计算机、政治学，以及以阅读物理学书籍为乐的瘦长两足哺乳动物。

但接下来又当如何？故事的结局是什么？原则上来说，我们应该可以从一颗行星，甚至一颗恒星的死亡中幸免于难。我们可以想象人类在数十亿年后仍然存在，以某种可能无法识别的形式，向遥远的太空进军，寻找新的家园，建立新的文明。不过，宇宙的死亡是所有事物的终结。如果一切最终都将结束，这对于我们，对于万事万物，意味着什么呢？

✹ 欢迎来到末世

尽管在科学文献中有一些与此相关的经典论文（而且读起来很有趣），但我第一次接触到"末世论"这个术语，也就是对一切事物终结的研究，是在阅读有关宗教文章的时候。

末世论，或者更确切地说，世界末日，为世界上许多宗教提供了一种使神学的训诫拥有背景的方法，并以压倒性的力量使其意义深入人心。尽管在信仰上存在差异，但它们都有一个共同的观点，即末日会带来世界的最终重构。在这个过程中，善会战胜恶，那些被上天眷顾的人会得到回报①。也许最终审判的承诺在某种程度上弥补了一个不幸的事实，即我们并不能指望这个不完美、不公平、肆意妄为的物质世界会令那些正派人的生存变得美好、有价值。就像一部小说可以被它的终章救赎或回溯般地毁灭一样，许多宗教哲学似乎需要世界的结束，而且是"公正地"结束，这样它才会有意义。

当然，并非所有的末世论都是救赎性的，也并非所有的宗教都预言了世界末日的时间。尽管2012年12月下旬很多人都在大肆宣传，但玛雅人的宇宙观是周期性的，就像印度教传统一样，没有特定的"终点"。这些传统中的周期并不是单纯的重复，而是充满了下一轮事情会变得更好的可能性：你在这个世界上的所有痛苦都是糟糕透顶的，但不要担心，一个新的世界即将到来，现世的不公不会对它造成任何伤害，或许还会改善它。另外，关于末日的世俗故事既包含着虚无主义的观点，即什么都不重要（到头来终将是一

---

① 回报具体会怎样给出，以及给哪些人，便是这几种宗教的意见相左之处了。

场空），也有令人振奋的永恒复现观念，即已经发生的一切都会以完全相同的方式再次发生，直到永远[①]。事实上，两种看似对立的理论通常都会被认为与弗里德里希·尼采有关，在宣布任何可能给宇宙带来秩序和意义的神的死亡后，他努力思考过生活在一个缺乏最终救赎之弧的宇宙中的意义。

当然，尼采并不是唯一思考过存在意义的人。从亚里士多德到老子到波伏娃到柯克舰长到吸血鬼猎人巴菲，每个人都曾经问过："这一切都意味着什么？"截至目前，我们还没有达成共识。

无论是否认同某种特定的宗教或哲学，我们都很难否认，知道了我们宇宙的命运，对我们有关自身存在的思考，甚至是我们的生活方式，都必然产生一些影响。如果想知道我们在这里所做的事情最终是否重要，我们首先要问的是：最终结果会如何？如果我们找到了这个问题的答案，就会立即引出下面的问题：这对此时此刻的我们意味着什么？如果宇宙终将灭亡，我们下周二还必须把垃圾倒掉吗？

我自己也对神学和哲学文章进行过研究，虽然我从中学到了许多迷人的东西，但不幸的是，"存在"的意义并不在其中。大概我天生就不是思考这个问题的料儿。那些可以用科学观察、数学运算和物理证据来回答的问题及其答案，才是一直强烈吸引着我的。把整个故事和生命的意义一劳永逸地写在一本书里，这样的愿望有时候看起来很吸引人，但我知道，我只能真正接受我可以利用数学重新推导的那种真理。

---

① 21 世纪初的经典电视剧《太空堡垒卡拉狄加》对这一观点提供了支持，尽管并没有在哲学层面上展开细致探讨。

✸ 仰望

从人类第一次思考自己的死亡以来，几千年的时间里，这个问题的哲学含义并没有改变，但我们用来回答这个问题的工具却改变了。今天，关于所有现实的未来和最终命运的问题是一个坚实的科学问题，其答案触手可及，令人心痒难耐。它并非向来如此。在罗伯特·弗罗斯特的时代，天文学界仍在激烈地争论着，宇宙是否可能处于稳定状态，并且毫无变化地一直存在下去。这个想法是很吸引人的：我们的宇宙家园也许是一个稳定的、好客的地方，一个可以让我们安心变老的安全之所。然而，大爆炸和宇宙膨胀的发现排除了这个可能性。我们的宇宙正在发生变化，而我们只是刚刚开始发展理论和进行观察，以了解它究竟如何变化。过去几年，甚至是几个月的进展，终于使我们能够描绘出宇宙遥远的未来。

我想与你分享这幅图景。我们所拥有的最佳测算结果只能够推演出少数几个最终的末日场景，其中一部分可能会被我们正在开展的观测所证实或排除。对这些可能性的探索使我们得以一窥尖端科学的运作方式，并使我们能够在新的背景下看待人类。在我看来，即使面对彻底的毁灭，这一背景也能带来一种乐趣。我们这个物种，一方面能意识到自身极限的渺小，另一方面又有能力超越平凡的生活，进入虚空，探索宇宙最基本的奥秘。

套用一句托尔斯泰的话：每个幸福的宇宙都是一样的，每个不幸的宇宙则各有各的不幸。我将在这本书中描述，当我们目前对宇宙并不完整的了解发生微小调整时，通往未来的道路将会如何变得面目全非：从一个自我崩溃的宇宙，到一个自我撕裂的宇宙，再到一个在膨胀的厄运之泡面前无处可逃、慢慢屈服的宇宙。在探索当今我们对宇宙及其最终结局的理解的演变，并努力辨析这对我们意味着什么的时候，我们将遇到物理学中一些最重要的概念，并看到这些概念不仅与宇宙末日有关，还与我们日常生活中的物理学有关。

✳ 量化宇宙的厄运

当然，在我们中的一些人看来，宇宙末日已经是我们日常生活的一部分了。

我清楚地记得我意识到宇宙随时都可能毁灭的那一刻。当时，我和本科天文系的同学一起坐在菲尼教授家的客厅地板上，参加我们每周的甜点之夜，而教授坐在椅子上，他三岁的女儿坐在他腿上。他解释说，早期宇宙空间的突然拉伸扩张，也就是宇宙暴胀，仍然是一个谜。我们不知道它为什么开始，又为什么结束，目前我们也没有根据说它不会再次发生。谁也不能保证，当我们在那间客厅里吃饼干喝茶时，不会发生一场谁也无法幸存的急速空间撕裂。

我感到自己像挨了一记闷棍，似乎我再也无法相信脚下地板的坚固。在我的脑海中永远刻下了这样一幅画面：那个小女孩坐在那里，在突然间变得不稳定的宇宙里旁若无人地手舞足蹈着。而教授则露出了一丝幸灾乐祸的笑容，转向了下一个话题。

现在我已经是一位公认的科学家了，终于理解了那种笑容。思考如此强大、不可阻挡而又可以用数学精确描述的过程，可能会让人病态般地着迷。

我们的宇宙可能的未来已经得到了描绘、计算，并根据现有的最佳数据对可能性进行过加权。我们也许不能确定现在是否会发生新一轮激烈的宇宙暴胀，但如果真的发生了，我们也已经准备好了方程式。在某种程度上，这是一个非常值得肯定的观点：尽管我们这些渺小无助的人类没有机会影响宇宙的结局，但我们至少可以开始了解它了。

许多物理学家对宇宙的浩瀚和强大到无法理解的力量已经有些见怪不怪了。你可以把这一切简化为数学，调整一下方程式，然后生活一切照旧。但是，当我认识到万事万物的脆弱性，以及我自己身处其中的无能为力时，这种震惊和眩晕在我心里留下了深刻的烙印。而当我抓住这个机会突然闯入这种宇宙视角后，有一种既可怕又充满希望的感觉，就像抱着一个新生的婴儿，感受生命的脆弱和无法想象的巨大潜力之间的微妙平衡。据说，从太空返回的宇航员对世界的看法都会有所改变，这就是所谓的"总观效应"。在高空看到地球后，他们可以完全感知到我们的小绿洲是多么脆弱，以及我们作为一个物种，作为也许是宇宙中唯一能够思考的生物，本该是多么万众一心。

对我来说，思考宇宙的最终毁灭正是这样一种体验。能够将思绪投放到时间的最深远之处，并且拥有能条理清楚地论述它的工具，是一种智力上的奢侈。当我们问道："这一切真的能够永存吗？"我们是在暗中确认自身的存在，将它无限延伸到未来，评估并审查我们的遗产。知悉一个最终的结局给了我们背景、意义，甚至希望，并允许我们自相矛盾地从琐碎的日常关注中退后一步，同时更充分地活在当下。也许这就是我们寻求的意义。

毫无疑问，我们肯定越来越接近答案了。无论从政治的角度看，世界是否正在分崩离析，但从科学的角度看，我们都正生活在一个黄金时代。在物理学方面，最近的发现、新的技术和理论工具使我们能够实现以前不可能的飞跃。几十年来，我们一直在完善对宇宙起源的理解，但对宇宙如何终结的科学探索现在才刚刚复兴。来自强大的望远镜和粒子对撞机的最新研究结果显示了令人兴奋（或者令人恐惧）的新的可能性，并改变了我们对宇宙遥远的未来演变中哪些事情可能发生或不可能发生的观点。这是一个正在取得惊人进展的领域，使我们有机会站在深渊的边缘，窥视终极黑暗。并且，你知道的，我们的窥视是可量化的。

作为物理学范畴内的一门学科，宇宙学的研究其实并不是为了寻找意义，而是为了揭示基本的真理。通过精确测量宇宙的形状、其中物质和能量的分布及支配其演变的力量，我们找到了有关现实更深层结构的线索。我们可能倾向于将物理学的飞跃与实验室中的实验联系起来，但实际上我们对支配自然界的基本规律的了解，大部分不是来自实验本身，而是来自对它们与宇宙观测结果之间关系的理解。例如，要确定原子的结构，需要物理学家将放射性实验的结果与阳光谱线模式联系起来。牛顿提出的万有引力定律认为，正是令木块从斜面上滑下的力使月球和行星保持在其轨道上。这最终引出了爱因斯坦的广义相对论，它对引力进行了惊人的全新解释。广义相对论的有效性不是通过地球上的测量，而是通过对水星轨道异动及日全食期间其他恒星视位置的观测来证实的。

今天，我们意识到，我们在地球上最好的实验室里通过几十年的严格实验而建立的粒子物理模型并不完整，而关于这一事实的线索我们是从天空中得到的。对其他星系（像我们自己的银河系一样包含数十亿乃至数万亿颗恒星的集合体）运动和分布的研究已经向我们指出了粒子物理学理论中的主要问题所在。我们还不知道解决方案是什么，但可以肯定的是，我们对宇宙的探索将在解决这个问题的过程中发挥作用。宇宙学和粒子物理学的结合已经使我们能够探测时空的基本形状，清点现实由哪些零件构成，并穿越时间回到恒星和星系诞生之前的时代，以追溯我们的起源——不仅仅是生命体的起源，还是物质本身的起源。

当然，这个认知过程是双向的。正如现代宇宙学增进了我们对极小尺度的理解，粒子理论和实验可以让我们深入了解宇宙在极大尺度上的运作。这种自上而下和自下而上的方法的结合，与物理学的本质有关。虽然大众文化会让你相信科学研究就是灵光一现的时刻和惊人的概念逆转，但其实我们了解的进步更多来自将现有的理论推到极端，观察它们在什么情况下会崩溃。当牛顿让球滚下山坡或观察行星在天空中的运动时，他不可能猜到我们需要一种引力理论来应对太阳附近时空的扭曲或黑洞内部难以想象的引力。他做梦也不会想到，我们有一天会希望测量引力对一个中子的影响①。幸运的是，宇宙真的非常大，给了我们很多可以观察的极端环境。更妙的是，它令我们有能力研究早期宇宙，研究整个宇宙都是极端环境的时期。

关于术语，这里简单说明一下。作为一个通用的科学术语，宇宙学指的是对整个宇宙的研究，自始至终，包括它的组成部分，它随时间的演变，以及支配它的基本物理定律。在天体物理学中，宇宙学家是研究真正遥远事物的人，因为这意味着对宇宙开展相当多的观测，并且在天文学中，遥远的事

————————

① 我们通过让中子弹跳来做到这一点。真的。首先，我们把它冷却到接近绝对零度；其次，把它放慢到步行速度；然后，让它像球拍上的乒乓球一样上下弹跳。这个实验也能向我们提供一些关于暗能量的信息——这个神秘的东西使我们的整个宇宙加速膨胀。物理学就是如此狂野。

物在时间上也处于遥远的过去。光从它们那里出发后，在到达我们这里之前已经旅行了很长时间，有时是数十亿年。一些天体物理学家主要研究宇宙的演变或者早期历史，另一些则专门研究遥远物体（星系、星系团等）及其特性。在物理学中，宇宙学可以偏向于更加理论化的方向。例如，物理系（相对于天文系而言）的一些宇宙学家研究粒子物理学替代公式，这些公式可能适用于宇宙诞生后万亿亿分之一秒内的情况；另一些人则研究爱因斯坦引力理论的修正，这些修正可能涉及如黑洞般只能存在于更高维度空间的假想物体。一些宇宙学家甚至研究完全假设出来的有别于我们这个宇宙的宇宙。这些宇宙有着全然不同的形状、维数和历史——以便深入了解那些有朝一日可能被发现与我们有关的理论的数学结构[1]。

这一切的后果便是，宇宙学对不同的人来说意味着不同的东西。一位研究星系演化的宇宙学家在与一位研究量子场论如何使黑洞蒸发的宇宙学家交流时，可能会完全不知所云，反之亦然。

至于我，我喜欢这一切。我第一次知道有一门叫宇宙学的学科，是在我大约10岁的时候，通过接触斯蒂芬·霍金的书和讲座。他谈论的是黑洞、扭曲的时空和大爆炸，以及各种各样让我感觉自己的脑袋无法承受的东西。我怎么也听不够。当我发现霍金自称宇宙学家时，我知道那就是我想成为的人。多年来，我在整个领域内做各种研究，在物理系和天文系之间跳来跳去，研究黑洞、星系、星系间气体、大爆炸的复杂性、暗物质，以及宇宙眨

---

[1]　弦理论家提出了很多这样的理比。（弦理论是一个统称，指的是试图以新的方式将引力和粒子物理学结合起来的理论，但是现在为发展它所做的大部分工作都依赖于数学模拟，而不是与真实世界有关的东西。）有时我参与弦理论相关的探讨，我必须强忍冲动，才不至于举起手来澄清这些计算都与我们的宇宙无关，以防房间里有人像我刚开始参加弦理论讲座时那样感到困惑。

眼间消失的可能性[①]。在我误入歧途的青年时期，我甚至还涉足过实验粒子物理学，在核物理实验室里玩过激光（无论记录上怎么说，那次火灾都不是我的错），在一个40米高的地下充水中微子探测器周围划过橡皮艇（那次爆炸也不是我的错）。

现如今，我非常坚定地成为一名理论家，这也许对大家都好。这意味着我不进行观察、实验或分析数据，不过会经常预测未来观测或实验的可能结果。我主要在一个被物理学家称为现象学的领域工作——这个领域处于新理论的发展和它们被实际检验的阶段之间。也就是说，我找到创造性的新方法，将研究基本理论的人对宇宙结构的假设与观测天文学家和实验物理学家希望在他们的数据中看到的东西联系起来。这意味着我必须大量学习一切事物[②]，而这其中也有着极大的乐趣。

✹ 剧透警告

对我来说，这本书是一个借口，让我可以深入研究宇宙将走向何方、这一切意味着什么，以及通过询问这些问题，我们对自己身处其中的宇宙可以得到怎样的了解。这些问题都还没有一个普遍认可的答案——万事万物的最终命运问题仍然悬而未决，也是一个人们正在积极开展研究工作的领域。在这个领域中，对数据的解释哪怕只是有些微的调整，我们得出的结论也可能会发生巨大的变化。在这本书中，我们将探讨五种可能性，并挖掘目前支持

[①] 这当然是我所做过的最有趣的事情之一，所以才会有这本书。我不知道为什么我这么喜欢它。这也许不是个好现象。
[②] 我们聊的是宇宙，所以我的意思真的是一切事物。

或反对其中每一种可能性的最佳证据。选择这些可能性的依据是，在专业宇宙学家之间正在进行的讨论中，它们具有突出的地位。

每一种可能的场景都对应着一种风格迥异的世界末日，受到不同物理过程的支配，但在一件事情上它们取得了一致：终点必然存在。在我阅读过的所有宇宙学文献中，我还没有发现一个有关宇宙可以永恒不变地存在下去的严肃主张。无论如何，都会有一种演变，导致最终毁灭一切的结局，使宇宙不适合任何有组织的结构存在。有鉴于此，我称其为终结（向任何可能正在阅读此文的临时有意识的随机量子波动突发事件[①]道歉）。在一些场景中，宇宙存在着自我更新甚至以某种方式循环的一丝丝可能性，但对上一个宇宙的些许脆弱记忆是否能以任何方式继续存在，还是一个进行中的相当激烈的辩论的主题，就像从宇宙大灾难中逃离在原则上是否可能一样。目前看来，最有可能的是，我们这个被称为可观测宇宙的"小岛"的结局，确实是终结。我在这本书里要告诉你的事情之一，便是这将如何发生。

为了让大家处于同一起跑线上，我们首先会快速了解一下宇宙从开始到现在的历程。然后我们将继续有关毁灭的话题。在第 3 章到第 7 章的每一章中，我将分别探讨末日的一种可能性，它可能如何发生，它将是什么样子，以及现实中物理学知识的变化如何引导我们从一个假设转向另一个假设。我们将从"大坍缩"开始，即如果我们现在的宇宙膨胀发生逆转，就会产生令人惊叹的宇宙坍缩。接下来的两章内容是由暗能量驱动的末日，其中一章内容是宇宙永远膨胀，慢慢变空、变暗，另一章内容是宇宙把自己撕裂开。接

[①]　请坚持到第 4 章，玻尔兹曼大脑将在那里得到一席之地。

下来是真空衰变，自发产生的死亡量子泡[①]吞噬了宇宙。最后，我们将闯入循环宇宙学（包含具有更多空间维度的理论）的推测领域，这里我们的宇宙可能会一次又一次地与一个平行宇宙碰撞并湮灭。第8章将把所有这些内容汇总一下，并提供目前在前沿领域工作的几位专家的最新论点，以此来说明哪种可能性现在看起来最合理，以及我们可以期待从新的望远镜和试图彻底解决这些问题的实验中了解到什么。

对在这浩瀚宇宙中生存的无比渺小的我们来说，这意味着什么，就完全是另一个问题了。我将在后记中提出一系列的观点，探讨在我们毁灭之后，意识本身是否会有任何形式的遗产继续存在[②]。

我们尚不知道宇宙终结的场面是烈焰还是寒冰，或者是更加离奇的方式。我们所知道的是，宇宙是一个宏大、美丽、真正令人敬畏的存在，非常值得我们花时间去探索，趁着我们还有时间。

---

① 严格来说应该叫"真真空泡"，说实在的，听起来也是阴森得要死。
② 另一次剧透：情况不怎么乐观。

第 2 章

从大爆炸到现在

> 有始便有终，有始需有终。
>
> ——安·莱基[①],《附加正义》(Ancillary Justice)

---

① 安·莱基（Ann Leckie），美国科幻作家，获得雨果奖、星云奖等多项科幻大奖。

我喜欢关于时间旅行的故事。我们很容易对时间机器的物理学原理展开争论，或者对出现的各种悖论产生疑问。但这种想法很吸引人：我们也许能够找到一种技巧，为我们打开通往过去和未来的门户，供我们去了解和干预，让我们离开这辆无法控制、不可阻挡地驶向某个未知命运的"现在"列车。线性时间似乎很有局限性，甚至是浪费——为什么所有的时间，所有的可能性，仅仅因为表针"咔嗒"响着朝前跳了几度，对我们来说便一去不复返了？我们可能已经习惯了严格的时间压迫，但这并不意味着我们必须喜欢它。

幸运的是，宇宙学可以提供帮助。当然，不是任何现实意义上的帮助，我们谈论的仍然是一个相对深奥的物理学分支，它不可能让你拿回你昨天忘在列车上的雨伞。相反，在这方面你的生活还是老样子，但有关存在的其他一切都永远地改变了。

对宇宙学家来说，过去并不是什么遥不可及的迷失领域。它是一个真实存在的地方，是宇宙中一个可观测的区域，而且是消耗了我们工作日的大部分时间的地方。我们可以安静地坐在办公桌前，观看数百万年甚至数十亿年前发生的天文事件的进展。而这个把戏并不是宇宙学的特别之处，而是我们所处的宇宙结构的固有性质使然。

一切都归结于一个事实，即光的传播需要时间。光速很快，大约每秒3亿米，但终归不是无限快的。在日常生活中，当你打开手电筒时，它发出的光每纳秒前进大约1英尺（0.3048米），并且你所照亮的东西反射的光也需要同样长的时间才能回到你身边。事实上，当你看任何东西时，你看到的图像也就是从它那里出发并到达你眼中的光，到你这里时已经有点陈旧了。从

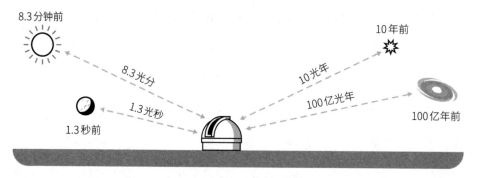

图1 光的旅行时间。我们有时会用光秒、光分和光年来表示距离，因为这样可以清楚地知道光经过了多久到达我们这里，从而也就了解了我们看到的是多久之前的过去（图中的尺度全都不是按比例绘制的）。

你的角度来看，坐在咖啡厅另一侧的那个人存在于几纳秒之前，这也许可以部分地解释他怅然怀恋的表情和过时的时尚感。就你而言，你看到的一切都已成为过去。如果你抬头看月亮，你看到的是1秒多之前的月亮。而看到的太阳是约8分钟之前的太阳（图1）。你在夜空中看到的星星都处于遥远的过去，也许是几年前，也许是成千上万年前。

这种光速延迟的概念对你来说可能已经很熟悉了，但它有着重大的意义。它意味着，作为天文学家，我们可以仰望天空，观察宇宙从最初到今天的演变。我们在天文学中使用"光年"这个单位，不仅仅是因为它巨大（相当于约9.5万亿千米，或者5.9万亿英里）、便利，还因为它能告诉我们，光从我们正在看的物体出发已经走了多长时间。从我们的角度来看，一颗10光年外的恒星处于10年前，一个100亿光年外的星系则是在100亿年前。由于宇宙只有大约138亿年的历史，那么100亿光年外的星系可以让我们了解宇宙年轻时的状况。从这个角度来说，遥望宇宙就相当于回顾我们自己的过去。

　　此处有一项重要说明，若我不提一句的话，就得算我的疏忽之失。严格来讲，我们根本无法看到自己的过去。光速延迟意味着一个物体离我们越远，它就处于越久远的过去，这种关系是严格的：我们不仅不能看到自己的过去，也不能看到那些遥远星系的现在。物体越远，它在宇宙的时间线上就离我们越远。

　　那么，如果只能看到其他星系的过去，看到很久以前和很远以外，我们又怎么能够了解自己的过去呢？这要归结于一个对宇宙学而言非常重要的原则，而它的名字就是很直白的"宇宙学原理"。简单地说，它是这样一种观点：从任何现实的角度来看，宇宙中的各处基本上都是一样的。显然，在人类的认知尺度上这不成立——地球表面与深空或太阳中心有相当明显的不同，但是在那种天文级别的大尺度上，整个星系可以被看作无趣的单一斑点，那么宇宙在每个方向看起来就都一样了，而且构成它的成分也都一样[1]。这个想法与哥白尼原则有着密切的联系。哥白尼原则是尼古拉·哥白尼在16世纪提出的一个想法，即我们在宇宙中并不占据一个"特殊的位置"，而只是处于某个可能是随机选择的一般位置。这在当时可谓异端。因此，当我们看着10亿光年外的星系，看到它在10亿年前的样子，在一个比此处和此时的宇宙年轻10亿岁的宇宙中，我们可以非常有信心地表示，我们所在的此处在10亿年前的情况与我们看到的情况相当类似。事实上，这在一定程度上可以通过观察来检验。对整个宇宙中的星系分布的研究发现，宇宙学原理

---

[1]　科幻作品往往会忽略这一点。在一部比较古老的电视剧《星际迷航：下一代》中，人们无意间在几秒钟之内穿越了十亿光年，抵达的地方是某处闪亮的蓝色能量深渊。我心想，那玩意儿要是真的存在，我们肯定在望远镜里瞧见了。

所暗示的均匀性在我们所看到的所有地方都是成立的。

这一切的结论便是，如果我们想了解宇宙本身的演变，以及自己所处的银河系的形成条件，我们就要观察遥远的事物。

这也意味着，宇宙学对"现在"并没有一个定义明确的概念。或者说，你所经历的"现在"仅仅对你个人有意义，由你所处的位置和你所做的事情决定[1]。如果我们现在看到了恒星爆炸而发出的光，那道光已经传播了数百万年，那么说"那颗超新星此刻正在爆炸"有什么意义？我们正在看的东西可以说完全发生在过去，我们无法观察到那颗爆炸恒星的"现在"，而且在几百万年内也不会收到关于它的任何信息，这使得它对我们来说不是"现在"，而是未来。

当我们认为宇宙存在于时空（一种无处不在、包罗万物的网格，其中空间具有三条轴，时间是第四条轴）之中时，我们可以把过去和未来看作同一构造上的遥远的点，从宇宙的起点延伸到它的终点（图2）。对于位于这个构造上不同点的人，对我们来说属于未来的事件，对他们来说可能是遥远的过去。而来自一件我们几千年内都看不到的事的光（或者任何信息），"现在"正在穿过时空奔向我们。该事件是在未来，还是在过去，或者，也许两者都是？这一切都取决于视角。

如果你习惯于在三维世界中思考问题，那么非无限的光速会令你费解[2]。然而，对天文学家来说，非无限的光速是一个非常有用的工具。这意味着我们不必寻找宇宙遥远过去的线索——它的痕迹和残余物，而是可以直接观察

---

① 为此我们可以感谢相对论。狭义相对论认为我们运动得越快，时间就流逝得越慢；广义相对论认为当我们接近一个大质量物体时，时间的流逝也会变慢。
② 《回到未来》里的布朗博士宣称："你没有从四维的角度思考！"他是对你说的。

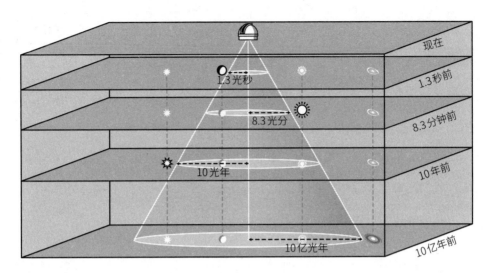

现在

1.3秒前

8.3分钟前

10年前

10亿年前

1.3光秒

8.3光分

10光年

10亿光年

图2　光在时空中移动的示意图。在这张图中，时间沿着上下的方向前进。我们只展现空间的两个维度，而不是全部三个维度。四个在空间中静止的物体的位置由垂直虚线表示，标志着它们并未随着时间的推移而改变位置。"光锥"是我们从观测站可以看到的过去的区域，它包含了所有离我们足够近（光线发出后有时间到达我们身边）的事物。我们可以看到10亿光年外的星系在10亿年前的样子，但我们不能看到它"现在"的样子，因为这个星系的"现在"版本在我们的光锥之外。

它及它随时间的变化。我们可以窥视只有30亿岁的宇宙，那是恒星形成的"文艺复兴"时期，星系正在迸发出光（不是艺术和哲学），我们可以观察这种光在之后的岁月里是如何变暗的。我们还可以看得更远，看到在一个不到5亿岁的宇宙中，物质旋转着进入超大质量黑洞，而星光才刚刚开始穿透星系之间的黑暗。

　　很快，借助新的太空望远镜，我们将能够观察到宇宙中最早形成的一些星系——那些在宇宙只有几百万岁时形成的星系。但是，如果那些星系是最早的，那么我们看向更远处，又会看到什么？我们能不能看到还没有星系产生的更远处呢？我们有这方面的计划。现在正在建造的射电望远镜，利用光和氢之间偶然的相互作用，有可能看得到诞生第一批星系的物质。通过直接观察氢，即有一天会成为恒星和星系的物质，我们可以看到宇宙中最初的结构形态。

但是如果我们看得更远呢？如果我们回溯到恒星、星系、氢之前的时间呢？我们能看到大爆炸本身吗？

是的。我们可以。

✷ 看到大爆炸

对于大爆炸，公众熟知的描述就是某种爆炸——光和物质从一个点突然爆发，在宇宙中扩散开来。事实并非如此。大爆炸不是宇宙内部的爆炸，而是宇宙本身的膨胀。而且它不是发生在某一个点上，而是发生在每一个点上。今天宇宙空间中的每一个点，比如遥远星系边缘的某个位置、另一个方向上同样遥远的某块星系间空间、你出生的房间，它们起初都彼此紧贴，而在同样的下一瞬间迅速地彼此远离。

大爆炸理论的逻辑相当简单。宇宙在膨胀，我们可以看到星系之间的距离随着时间的推移越来越大，这就意味着星系之间的距离在过去比较小。作为一个思想实验，我们可以把我们现在看到的膨胀倒回去，回推百亿年以上的时间，直到我们到达一个星系之间的距离一定是零的时刻。囊括我们今天所能看到的一切的可观测宇宙，一定包含在一个更小、更密、更热的空间里。但是，可观测宇宙只是我们现在能看到的宇宙的一部分。我们知道，宇宙空间的范围要比这大得多。事实上，根据我们所知道的，宇宙的大小完全有可能是无限的，而且可能性还挺大。这意味着它在开始时也是无限的，只是密度大得多而已。

这个很难想象。在这种情况下，无限是个让人挠头的概念。拥有无限的空间是什么意思？无限大的空间在膨胀是什么意思？无限大的空间如何变得更加无限大？

这方面，恐怕我也帮不了你。

要在有限的大脑中领悟无限的空间，根本没有简单的方法。我可以说的是，在数学和物理学中，有一些处理无限的方法是有意义的，而且不会破坏任何东西。作为一个宇宙学家，我的工作基于这样一项基本假设：宇宙可以用数学来描述。如果某种数学方法是可行的，对处理新问题是有用的，我就会采用它。[①]或者，更准确地说，如果这种数学方法可行，而另外的某种假设（例如，宇宙并不是无限的，而是大到我们不可能感知到它的边缘）也行得通，但对于我们的经验或能以任何方式测量的任何东西而言都没有区别，我们不妨暂时用较为简单的假设来开展工作。所以，宇宙是无限的。我们就用这一假设来工作吧。

不管怎样，当我们谈论大爆炸理论时，我们真正要说的是：根据我们对当前膨胀及其历史的观察，我们可以得出结论，曾经有一段时间，宇宙的任

---

① 我在这里说得有点草率，但这是一个相当重要的观点。到目前为止，在物理学中，我们所做的大部分工作是用我们称之为模型的数学结构来描述宇宙，并利用实验和观察来测试和完善这些模型，直到我们得出一个似乎最符合观察结果的模型。然后我们开始尝试打破这个模型。这并不是说我们简单地相信数学是宇宙的根本，而是因为似乎没有其他更加可行的方式来处理这些事情。

何位置都比现在热得多，密度大得多①。这个宇宙又热又密的阶段有时被称为"热大爆炸"，我们现在知道那是从第0年到第38万年左右②。

我们甚至可以量化"又热又密"的含义，并回溯宇宙的历史，从我们现在享受的凉爽宜人的宇宙，退回到那个条件极端到我们对物理规律的理解都被粉碎的"高压锅"炼狱。

不过，这不仅仅是一个理论练习。从数学上推演膨胀并推导出更高的压力和温度是一回事，直接看到这个炼狱宇宙③则是另一回事。

✹ 宇宙微波背景辐射

我们如何从思考大爆炸发展到能看到它，是宇宙学中一则经典的意外发现故事。1965年，普林斯顿大学一位名叫吉姆·皮布尔斯的物理学家在进行回溯宇宙膨胀的计算过程中，得出了惊人的结论：大爆炸的辐射今天应该仍然在宇宙中闪耀着，而且应该能够被探测到。他计算了该辐射的预计频率和强度，并与同事罗伯特·迪克和大卫·威尔金森合作，开始建造一个测量仪器。与此同时，他们不知道的是，在贝尔实验室，两位天文学家阿诺·彭齐亚斯和罗伯特·威尔逊，正准备用一个以前被用于商业用途的微波探测器做一些天文学研究。（微波就是电磁波谱上的一种光，频率比红外线或可见光低。）彭齐亚斯和威尔逊对商业应用完全不感兴趣，而热衷于研究天空，在为他们的研

---

① "我们的宇宙曾经又烫又稠密，将近140亿年前开始膨胀……"是的，电视剧《生活大爆炸》主题曲的开头实际上对这条理论总结得非常到位。

② 当然，那是在"年"这个概念出现之前，因为那时还没有行星围绕恒星运行，更没有时间单位的定义。但是为了方便讨论，我们可以采用自己的单位来推算，把秒数换算成年数，并给它们编号。

③ 我刚刚发明了这个术语，我感到非常自豪。

究校准仪器时，他们发现信号中存在一种怪异的嗡鸣。显然，这种杂音对望远镜以前的用途（探测从高空气球上反弹下来的通信信号）并未构成干扰，因此以前的用户忽略了它。但这会儿为了科学研究，这个问题必须解决。无论他们把探测器指向哪个方向，嗡鸣都会出现，而且会造成极大的干扰。

望远镜的干扰在持续观测的校准阶段是常见问题，而且有很多可能的原因。也许是某个地方的电缆松动了，或者是来自附近某个发射器的无线电干扰，或者是任意数量的细微机械故障。（最近射电天文学的一个重大突破是：帕克斯射电望远镜观测到的诱人辐射爆发，实际上源自午餐室里一部过于"热情"的微波炉。）彭齐亚斯和威尔逊检查了探测器的每一寸地方，甚至考虑了一小群在天线上筑巢的鸽子①可能是嗡鸣的来源。但是，无论他们怎么做，都无法让嗡鸣消失，而且他们一直没能发现任何可以解释它的干扰。因此，他们不得不考虑这样一种可能性：它其实来自太空，而且来自天空的每一个方向。但它可能是什么呢？来自行星或太阳的任何事物都应该只在特定的时间和方向出现，即使来自我们所在的银河系的辐射也不会完全均匀一致。

现在让我们再来看看普林斯顿团队。

回过头来看，皮布尔斯的计算表明，如果早期的宇宙到处都很热，那么我们目前应该沐浴在它的辐射余光里。他的想法是这样的：如果看向更远以外意味着看向更早以前，而且如果在遥远的过去有一段时间，宇宙基本上是一个包罗万象的大火球，那么只要看得足够远，我们就有可能看到宇宙的一部分仍然如火如荼。或者换一种思考方式：如果在138亿年前，可能是无限大

_____

① 令人伤感的是，这个调查方向的最终结果对鸽子很不友好，而它们其实没有做错任何事情。

的宇宙全部被辐射照亮，那么它应该有一些地方是如此遥远，以至于那种辐射一直都在不断膨胀、冷却的空间里传播着，直到现在才照到了我们这里。在任何方向上，我们只要看得足够远，就能看到那个遥远的炽热宇宙。我们不是在看空间中某些不同寻常的部分，而是在看所有空间都在燃烧的时刻。

因此，这种背景辐射应该来自任何地方。而且不管你在哪里，它都应该来自任何地方，因为你总是可以看得足够远，从而看到宇宙的炽热阶段。光速和时间旅行之间的关联让你得以免费观赏这种胜景。空间中的每一点都是一个不断增长的时间球体的中心，并被一层炽热外壳包围着（图3）。

皮布尔斯意识到了这一点，并且按照物理学家惯常的做法，与他的同事谈论了这个令人震惊的想法。他甚至分发了一篇论文的预印本，其中描述了他和他的同事计划如何探测这种辐射。接下来，消息传到了60千米外的贝尔实验室，通过两名没有联系的物理学家、一架飞机和波多黎各。

皮布尔斯讲座的一位与会者肯·特纳去参观了位于波多黎各的阿雷西博射电望远镜。在回程的飞机上，他与天文学家伯纳德·伯克聊起了探测这种大爆炸辐射是多么酷。回到办公室后，伯克接到彭齐亚斯的电话，谈了一些与此无关的工作，并碰巧提到了飞机上的闲谈①。这时，我只能假设彭齐亚斯不得不坐下来，因为此刻他意识到了，他和威尔逊刚刚成为头两名看到真正的大爆炸的人。他花了几天时间，与他的同事交谈，然后打电话给罗伯

---

① 几年前我在麻省理工学院偶然遇到了伯纳德·伯克，当时除了关于鸽子的那部分，我对这个故事一无所知。我们仅仅像物理学家那样闲聊了几句，他对我讲了一些我不太了解的过去的工作。聊到某个时候，我意识到他在谈论他与彭齐亚斯的电话，而且随意提了一句他促成了物理学史上最重要的发现之一。几年前我又遇到了类似的事情。那是在一次会议上，我遇到了汤姆·基布尔，他提出了与希格斯玻色子相关的很多理论。这个故事的寓意是：多听荣誉退休教授的话，他们可能曾经彻底改变你的整个研究领域。

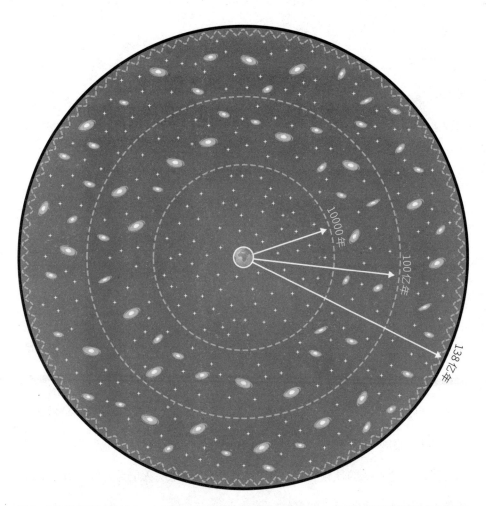

图 3　可观测宇宙示意图。在地球这个位置之外的不同距离上，我们可以看到过去的不同时代。在这张图中，我们周围的每个球体都标明了回溯时间（今天之前的年数）。我们能看到的最远的地方，原则上也对应着其与地球之间的距离。宇宙诞生之初离开那里的光，现在正好到达我们这里。这就定义了围绕着我们的一个球体，即可观测宇宙。

特·迪克，而后者立即对皮布尔斯和威尔金森说："我们被人抢先了。"

事实确实如此。彭齐亚斯和威尔逊因首次观测到这种后来被称为宇宙微波背景辐射的信号而在1978年获得诺贝尔奖[①]。

宇宙微波背景辐射，或称CMB（其英文名称的首字母缩写），后来成为我们研究宇宙历史的最重要工具之一。无论是作为天文数据集，还是作为技术成果，都不算夸大它的重要性。我们现在可以收集、分析和绘制炽热的早期宇宙的光辉。它告诉我们的第一件事是：早期宇宙是一个发光发热的大炼狱的假说被完全证实了。

但是，我们如何确定我们探测到的背景辐射确实来自原始火球，而不是来自某些遥远的奇怪恒星或其他事物的集合？事实上，其光谱（以不同频率衡量其明暗程度的手段）蕴含着一条无可辩驳的启示。

假设你有一个壁炉，你把一根火钳插进壁炉的火里，烧到它开始发红光。这种红光不是金属本身的属性，而是在任何被加热（尚未燃烧）的东西上都会出现的一种现象。这种光被称为"热辐射"，它的颜色只取决于温度。发蓝光的物体比发红光的物体温度更高。事实上，如果你能看到红外线，你会看到人、温暖的食物和一直被太阳晒着的人行道都在产生热辐射。人类的热辐射位于红外线的低频波段，因为我们的体温比明火的温度低得多，除非我们遭遇到某种非常糟糕的事情。

不过，你看到的颜色并不是物体产生的全部光。除了激光之外，任何发光物体都是在发一定范围内不同频率（或者说颜色）的光，而眼睛看到的颜

---

① 在写这本书的过程中，我很兴奋地听说皮布尔斯获得了2019年诺贝尔奖，部分原因是在这一发现的理论方面做出的贡献。如此说来，也许世间终归还是有公道的。只不过鸽子得不到。

色只是其中最强烈的光的颜色。这就是为什么白炽灯泡摸起来很热：尽管它们产生的大部分光都是可见的，但是其余的光有一大部分位于光谱的红外线波段，于是让人感觉很热。对于任何热辐射，包括由火钳、人和煤气灶上的蓝色火焰发出的热辐射，光的强度随频率变化的方式都是完全相同的。光在某个峰值处的颜色最亮——峰值的位置由温度决定，而在峰值两侧则迅速变暗。在图表上画出光的强度如何随频率上升和下降，就会得到我们所称的黑体曲线——一种任何因为高温而发光的东西都会呈现的曲线[①]（图 4）。事实

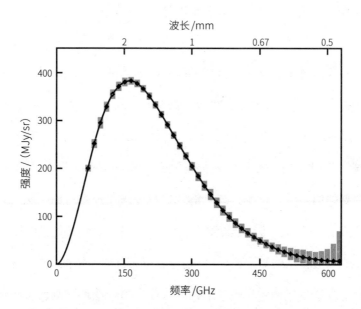

图 4　宇宙微波背景辐射的黑体光谱。曲线的高度表示特定频率或波长下的辐射强度。数据点上带着误差条，表示测量中的不确定性，但是不确定性被放大了四百倍，以防它们被线条的宽度完全挡住。这就是我们认为在 2.725 开尔文温度下发光的物体应当呈现的光谱。

---

① "黑体"这一名称来自这样一个概念：一个能够完美地吸收照射到它的所有光，并将其作为纯热量重新释放出来的物体。当然，大多数物体并不能完美地做到这一点。它们会吸收一些光，并反射剩余的光。但是大多数材料在被加热时都会在某种程度上发光，而且根据发光得到的曲线可以被认为是黑体曲线的近似形状。

证明，如果你在不同的频率下测量宇宙微波背景辐射的强度，你就会得到自然界中最精确、最完美的黑体曲线。对此，唯一的解释就是，曾经的宇宙本身非常热，任何地方都是如此。

据说，当CMB第一次以图表的形式在某次研讨会中呈现时，听众居然欢呼起来。他们情绪激昂的部分原因当然是这个测量结果非常精确和令人印象深刻，而且与理论完美契合（这样的情况总是大家喜闻乐见的）。但我相当肯定，另一部分原因是人们意识到他们真正看到了大爆炸。确实是看到了。就我而言，我至今也没有完全停止对这一事实的惊叹。

除了令人震惊之外，CMB还为我们提供了一个宝贵的窗口，让我们得以了解宇宙的最初时刻，以及它是如何随着时间的推移而成长和演变的。它还为我们提供了一些这一切将会如何发展的线索，我们将在后面的章节中提到。

也就是说，如果你制作一张显示天空中光线颜色变化的CMB地图，它看起来其实相当无趣，几乎到处都是完全一样的颜色（图5）。不过，那些可以检测到的偏差尽管微小，却告诉我们很多东西。将对比度调高到能够看出来颜色变化的程度，天文学家可以看到，CMB看起来有些许斑点，大小与我们在地球上看到的满月相仿，整幅地图望去犹如一幅抽象的点彩画[1]。斑点在一些地方聚集成同一种颜色的团块，而在另一些地方则色彩斑斓，有些斑点稍微偏红，有些则稍微偏蓝[2]。颜色的变化揭示出，在原始宇宙中某些地方，由于微小的密度变化（与平均水平的偏差不超过十万分之一。要想领会

---

[1]　点彩画是运用圆点绘画方法创作的画作。点彩画派源于法国，从印象派的光与色彩的原理发展而来。

[2]　那些光全都位于光谱的微波波段，所以"偏红"指的是频率更低的微波辐射，而"偏蓝"指的是频率更高的微波辐射。不过制图时我们的确要使用红、蓝这样的颜色，原因你也知道，人眼嘛。

图5　宇宙微波背景辐射。这是一张整个天空的微波频率图，以莫尔韦德投影法投射在一个椭圆形上（去掉了我们银河系的辐射）。深色区域表示较冷（低频或偏红）的微波辐射，浅色区域表示较热（高频或偏蓝）的微波辐射。它们分别代表早期宇宙中比周围环境密度稍大或稍小的部分，差异程度为十万分之一。

十万分之一大概是多少，可以把一罐汽水倒进后院的游泳池），翻腾的等离子体会些许地冷一点或热一点。

通过仔细的计算，我们可以推断出这些微小的密度变化是如何随时间的推移发展的，从微不足道的变化开始，经过几千年的时间，成长为整个星系团。引力坍缩是一种强大的力量。如果有一处的物质密度高于周围，它就会从那些密度小的地方吸引更多的物质，这就增加了密度差别，从而继续吸引更多的物质，如此反复。富的越来越富，穷的越来越穷。

利用计算机模拟在几秒内展现数十亿年时间的流逝，我们可以看到一块密度只比近旁高些许的物质从周围吸引了足够多的气体，形成了宇宙中的第一颗恒星。这些恒星在第一批星系中形成，这些星系聚集成星系团，这些星

31

系团将CMB的斑点拼凑成我们现在看到的宇宙网：一个由节点、细丝和空隙组成的脉络排列，沿着如同蛛网上的露珠般闪耀的星系，逐渐勾勒成形。如果你将一个这样的模拟结果与实际的宇宙地图（每个星系都是巨大的三维地图中的一个点）相比较，它们的一致会让你难以置信，你根本无法分辨它们的区别。

所以，大爆炸曾经发生过。我们已经看到了它，并且对其进行了计算，物理学上也有了相应的观测结果。现在，让我们聚集在宇宙黑体辐射中，讲述宇宙起源的故事。

✹ 起初

并非所有的宇宙历史都像宇宙微波背景辐射那样直接可见。火球阶段结束前的几十万年，以及紧随其后的50万年左右的情形，都是极难观测到的。在前一种情况下，原因是光线太多（想象一下试图透过一堵火墙来观察）；而在后一种情况下，原因是光线太少（想象一下试图观察你和火墙之间空气中的一些灰尘杂质）。但是，位于中间的CMB给了我们一个坚实的基准点，可以从那里出发向两个方向展开推断。现在我们有了一个令人信服的故事，可以说明宇宙是如何随着时间的推移而演变的，从最初的万亿分之一秒内开始，直到138亿年后的今天。

那么，开始吧？

创世之初，有一个奇点。

嗯，也许吧。奇点是大多数人提到大爆炸时都会想到的东西：一个密度无限大的点，宇宙中的一切都从这个点向外爆炸。只不过，奇点未必是一个点，它可能只是无限大的宇宙的一种无限密集的状态。而且，正如前文讨论过的，并没有爆炸，因为爆炸意味着某物的扩张，而不是一切的扩张。万物始于一个奇点的理论是观察宇宙当前膨胀，运用爱因斯坦引力方程，并向过去追溯的结果。但是那个奇点可能从未出现过。大多数物理学家认为，在真正的"开始"之后不足 1 秒内，发生了戏剧性的超级膨胀，有效地消除了之前一切事物的痕迹。因此，奇点是关于什么引发了这一切的一个假设，但我们并没有充分的证据。

还有一个问题：奇点之前是什么？根据你询问的对象，这个问题可能是没头没脑的废话，因为奇点是时间和空间的开始，所以不存在它的"之前"；也可能是宇宙学中关键的问题之一，因为奇点可能是循环宇宙（从大爆炸到大坍缩循环往复直到永远）的前一阶段的终点。我们将在第 7 章中讨论后一种可能性，但与此同时，除了它可能发生过之外，关于奇点我们没有什么可说的。即使我们确信自己能把膨胀一直回溯到那个点，奇点也依然代表了一种物质和能量的极端状态，并非我们目前掌握的物理学知识能够描述的。

对物理学家来说，奇点是病态的。在那里，方程中某些通常挺乖巧的量（如物质的密度）上升到无穷大。一旦出现了奇点，就不再有任何方法可以计算出有意义的结果。大多数时候，当你遇到一个奇点时，它是在告诉你，你的计算出了问题，你需要再去绘图板上操作一番。在你的理论中找到一个奇点，就像你的卫星导航把你引到湖边，然后指示你把车拆开，重新组装成一条船，再用你的新船划到湖的对岸。也许这真的是到达你想去的地方的唯一途径，但更有可能的是，你在之前几千米的地方转错了弯。

不过，在现实中，甚至不需要像真正的奇点那样明显功能失调的东西就能摧毁我们所知的物理学。当你在一个非常小的空间里拥有大量的能量时，你必须同时处理量子力学（关于粒子的理论）和广义相对论（关于引力的理论）的问题。在正常情况下，你只需处理其中一个，因为当引力很重要时，通常是有一个巨大的物体，所以你可以不考虑每一颗独立的粒子；而当量子力学很重要时，你是在粒子尺度上处理很小的质量，这时候引力是相互作用中一个完全可以忽略不计的部分。但是在极端密度下，你必须同时与这两者较劲，而且它们根本不能很好地配合。极端引力涉及定义明确的大质量物体，它们扭曲了空间并改变了时间的流逝；量子力学允许粒子穿过固体墙壁或只以模糊的概率云形式存在。在我们尝试创造更加完整的新理论时，许多事情都在向我们暗示需要往什么方向努力，关于极大质量和极小尺度的理论之间根本性的不相容便是其中之一。然而，当我们试图解释非常早期的宇宙时，它也带来了相当大的不方便。

如果没有完整的量子引力理论（将粒子物理学与引力理论相协调的东西），我们就无法以一种合理的方式持续回溯宇宙历史。我们会不可避免地达到一个时刻，在其之前的一切都不可知了。在那个时刻，密度高到了一定的程度，预计极端的引力效应将与量子力学固有的模糊性相竞争，而我们完全不知道在那种情况下该怎么办。会不会有微观黑洞形成（因为强引力），随后又随机地出现和消失（因为量子不确定性）？当空间的形状比掷骰子更不可预测时，时间是否还有意义？如果你对一个足够小的尺度放大后观察，空间和时间的行为会不会像离散的粒子，或者相互干扰的波？有虫洞吗？有龙吗？我们不知道。

　　但是由于我们需要量化我们困惑的程度，以及开始困惑的时刻，我们引入了"普朗克时间"[①]，它包含了最初从 0 到约 10^{-43} 秒的时间。10^{-43} 秒等于 1 秒除以 10^{43}（就是 1 后面有 43 个 0）。可以说，这是短暂得难以想象的时间。而且，有必要讲清楚的是，并不是说我们一定能解释普朗克时间之后的一切，而是说我们目前肯定不能解释这段时间之内的任何事情。

　　总结一下到目前为止我们得到的信息：可能存在一个奇点。如果有的话，紧随其后的是一个我们无法真正说清楚的时间段，即普朗克时间。

　　说实话，早期宇宙的整个时间线在很大程度上仍然只是一种推断，而且我愿意承认，我们不应该完全相信这种推断。一个始于奇点并从那里扩展的宇宙会经历一个难以想象的极端温度范围，从奇点的几乎无限高的温度到今天宇宙约 3 开尔文的凉爽舒适环境。我们可以推断出物理学在所有这些环境中会是什么样子，本章内容的排序就是这么来的。尽管描述从奇点开始稳定膨胀的标准大爆炸理论存在一些重大问题（我们马上就会讨论这些问题），但我们仍然可以通过思考如果标准理论正确可能会发生什么来了解物理学的运作方式。

✸ GUT 时代

　　根据标准的大爆炸理论，普朗克时间之后是 GUT 时代。在这里，我用"时代"一词表示持续约 10^{-35} 秒的时间段，而英语中虽然有个单词"gut"，

---

①　以马克斯·普朗克命名，他是量子理论的奠基者之一。此外还有普朗克能量、普朗克长度和普朗克质量，都是由几个基本常数的不同组合来定义的，其中之一是普朗克常数，它是任何具有量子性质的事物的核心。如果你在你的方程式中发现了普朗克常数，你就知道事情会变得很奇怪了。

意思是"肠道、内脏"，我在这里用的GUT指的却是与人体解剖学无关的东西。GUT是"大统一理论"的英文首字母缩写，它是物理学的乌托邦式理想，以一个"统一"的理论描述粒子物理学中的所有力如何在早期宇宙的极端条件下共同发挥作用。尽管此时的宇宙正在迅速冷却，但它仍然炽热，以至于空间中每一点的能量都比我们最先进的粒子对撞机中最猛烈的对撞所产生的能量高出一万亿倍以上。不幸的是，这一万亿的倍数使我们无法开展实验测试，这也是该理论目前大体上仍处于建设之中的原因之一。但是，对于一个我们目前没有完善的理论，以及它与我们今天所见的不同之处，我们还是有很多可以说的。

在现代宇宙的日常生活中，自然界的每一种基本力分别发挥着其独特的作用。引力使我们存在于地面上；电力使我们的灯发光；磁力使我们的购物清单固定在冰箱上；弱力确保我们的核反应堆持续稳定地发出美丽的蓝光；强力防止我们身体的质子和中子分解开来。但是，这些力的运作方式，它们之间相互作用的方式，乃至区分它们的可能性的物理定律，取决于测量它们的条件。具体来说，就是环境的能量或温度。在足够高的能量下，这些力开始合并，重新安排粒子相互作用的结构和物理定律本身。

人们已经知道，即使在日常情况下，电和磁也是同一现象的两个方面，这就是为什么会有电磁铁这样一种物件，以及为什么发电机可以产生电力。这种统一对物理学家来说就像糖果。每当我们可以针对两种复杂的现象说："实际上，如果你从这个角度来看，它们就是同一种现象。"我们基本都能得到物理学家独有的极大喜悦。在某种程度上，这是理论物理学的终极目标：找到一种方法，把我们周围所有复杂混乱的事物（因为我们奇怪的低能量视角才显得复杂），重新排列得漂亮、紧凑、简单。

就粒子物理学中的力而言，这种探索被称为"大统一"。根据理论推断和我们在实验中的观察结果，人们认为在非常高的能量下，电磁力、弱力和强力都合为一体，成为完全不同的另一种事物，即受大统一理论支配的同一种大粒子/能量混合物的一部分，我们再也无法将其区分开。人们已经提出了几种大统一理论，但是由于难以达到发生统一所需的能量级别，我们很难证实或证伪它们。于是，我们将其称为"一个活跃的研究领域"，并且希望有非常多的资金援助。

你可能会注意到，引力并没有被邀请参加 GUT 的聚会。为了将引力纳入，我们需要比大统一理论更宏大、更统一的东西。因此，我们需要一个万物理论（TOE）。物理学家普遍认为，在普朗克时间前后的某个阶段，引力以某种方式与其他力（以及"龙"或当时发生的任何其他事情）统一起来了。但是，正如我们之前所讨论的，广义相对论和粒子物理学不喜欢以目前的形式彼此合作，因此我们在实现 TOE 方面取得的进展甚至比 GUT 还要少。许多人把赌注押在弦理论上，认为它就是最终的 TOE。但是，如果你认为 GUT 很难在实验中验证，那么 TOE 也许根本不可能得到验证，至少凭我们目前能够想到的技术是不可能的。关于这种情况是否属实，以及无法测试的理论是否应该被称为科学，人们时不时地展开争论。我不认为情况有那么糟糕。宇宙学可能会提供解决方案（我这么说不仅仅是因为我是一个宇宙学家）。在某些情况下，只要发挥一点创造力，就会出现一些通过观察宇宙来检验弦理论的预测及其相关想法的诱人可能性。如果我们能在接下来的几章中找到启示，我们就能看到，宇宙学为何能比任何粒子实验更多地展示宇宙用一根弦把一切紧密相连的终极基本结构。

让我们回到我们的故事中来。我们刚刚摆脱了普朗克时间、量子、引力纠缠不清的阵痛，正享受着可推测性稍弱的GUT时代的基本力大统一。

❃ 宇宙暴胀

接下来发生了什么仍然是一个争论不休的问题，但宇宙学界几乎一致认为，就在这之后很近的某一时刻，宇宙突然经历了高速成长期的开端——我们称之为宇宙暴胀。出于某种我们仍在试图理解的原因，宇宙突然以非常高的速度极度膨胀。这片之后成为我们整个可观测宇宙的区域，其大小在这一阶段增加了超过 10^{26} 倍。当然，这也只是让它达到了沙滩排球的大小而已，但考虑到最初是比任何已知粒子都小的难以想象的渺小存在，而且增长发生在大约 10^{-34} 秒内，我们还是有理由为之感动一下的。

暴胀理论的出现是为了解决标准大爆炸模型中几个真正令人困惑的问题。其中一个问题与宇宙微波背景辐射怪异的均匀性有关，另一个问题与它的微小缺陷有关。

第一个问题是指，整个可观测宇宙，包括天空中方向完全相反的部分，都被证实在早期有着相同的温度，而标准的大爆炸宇宙学对此没有提供任何解释。当我们看大爆炸的余光时，我们发现它在任何地方都是一样的，而且精度极高。想想看，这真是一个奇怪的巧合。通常情况下，如果两样东西处于我们所说的热力学平衡状态，它们就会具有相同的温度。这就意味着它们有办法，也有时间交换热量。如果你把一杯咖啡放在一个封闭的房间里足够长的时间，咖啡和房间里的空气会相互交换热量，最终你会拥有一杯温度等于室温的咖啡和一个略微暖和了些的房间。早期宇宙标准图像的问题是，它不包括这样一种情况：宇宙中两个遥远的部分可以相互作用并就温度达成一致。如果我们把天空两侧的两个点拿出来，算出它们现在相距多远，以及它们在最开始的时候，也就是138亿年前相距多远，你就会发现，它们在宇宙史上从未接近到可以让光束在它们之间来回穿梭进行热平衡过程。在宇宙之初从其中一个点出发的光，哪怕经过了138亿年也未能到达另一个点。从过去到现在，它们一直在彼此的视野之外，无法以任何方式交流①。因此，要么是宇宙中最大规模的巧合，要么是早期发生的一些事情实现了热平衡。

关于第二个问题，阐述起来要简单一些。它可以这样表述：宇宙微波背景辐射中那些微小的密度波动从何而来，以及它们为什么呈现这样的排列模式？

宇宙暴胀解决了这两个问题，以及其他一些问题。其基本思想是，在早期宇宙中，在奇点之后到原始火球阶段结束之前，有一段时间宇宙以惊人的速度膨胀。这样一来，早期有一段时期，一个非常小的区域就有可能进入热平衡状态，之后快速膨胀再把这个稳定的小区域扩展成整个可观测宇宙。想象一下，把一幅复杂的抽象画放大，以至于你的整个视野中都只有一种颜色。膨胀本质上是放大了宇宙中一个小到已经实现了同温的部分，并仅仅利

① 在这个简化的解释中，有一个微妙的问题一直困扰着我。一方面，我告诉过你，这些区域在宇宙史上从未交流过，但另一方面，我还告诉过你宇宙始于一个奇点，而且我们推断，在奇点处所有事物之间的距离很可能是零。这并不能解决问题，原因如下。现在拿天空两侧的两个点来说，为了论证方便，我们姑且说它们在奇点处距离为零。问题在于，在奇点之后的每一个时刻，这些部分都没有接触——它们不可能进行过任何信息交流（比如一束携带温度信息的光）。你也许要问了，那么奇点本身呢？虽然我们可以给最初的时刻贴上零的标签，但它实际上就是没有时间。时间是从奇点开始的，所以没有任何时间进行信息交流，而之后的每一个时刻都有"相隔太远无法交流"的问题。

用这个区域扩展出了整个可观测宇宙。

如果我们引用一点量子物理学的知识，暴胀也能被用来方便地解释密度波动。亚原子世界的物理学与日常生活中的物理学的本质区别在于，在单个粒子的尺度上，量子力学使每一次相互作用都具有内在的、不可避免的不确定性。你可能听说过海森堡的不确定性原理，它认为任何测量的精度都是有限度的，因为量子力学中的不确定性总是会以某种方式模糊结果。如果你非常精确地测量一个粒子的位置，你就无法确定其速度，反之亦然。即使你不去关注某个粒子，它的所有属性也会受到某种程度的随机变化的影响，每次你测量它都可能得到一个稍微不同的答案。

这与宇宙微波背景辐射有什么关系？假说认为，暴胀是由一种受量子波动随机的跃迁和回落影响的能量场驱动的。这些波动，通常只是微观尺度上转瞬即逝的"小雪花"，在它们所处的微小尺度上改变了密度，接下来被扩展到足够大的区域，成为原始气体密度分布中意义重大的丘壑。我们在宇宙微波背景辐射中看到的小斑点，如果被解释为宇宙最初 10^{-34} 秒内的波动历经几十万年自然演化的结果，那么一切就显得非常合理了。而这些小斑点最终发展成为我们今天看到的所有星系和星系团。

宇宙中最大结构的分布竟然能被量子场的微小波动精准地复刻，这一事实给我带来的震撼始终没有消失。宇宙学和粒子物理学之间的联系从未比我们观察宇宙微波背景辐射时更为清晰，或者更具视觉冲击力。

不过，这些都是后话了。就目前的进度来说，CMB 还在遥远的未来。我们仅仅介绍了 10^{-34} 秒，仍有很多故事要讲（图6）。

当暴胀结束时，极度舒展的"婴儿"宇宙比一开始更冷、更空旷。一个

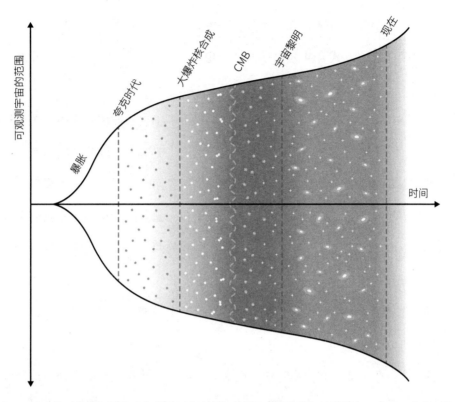

图6 宇宙的时间轴。就在宇宙刚刚诞生之后，其大小在暴胀期间迅猛增加。此后，宇宙一直在膨胀（以较慢的速度）。这里标注的是宇宙历史上的一些重要时刻。

被称为"再加热"的过程使它的各处都恢复了高温，从这时开始，平淡无奇的稳定膨胀和冷却过程持续进行。

✵ 夸克时代

暴胀前的宇宙可能被大统一理论所统治，但暴胀后的宇宙正在向我们今天看到的物理学规律靠近。不过这是需要一段过程的。到了这个时候，强力已经脱离了GUT一体化的粒子物理学聚会，但电磁力和弱力还没有被区分开来，仍然以某种方式合并为单一的"弱电"力。不过，"原始汤"中开始出现粒子——具体来说，是夸克和胶子。

如今，我们通常见到的夸克都是质子和中子（它们被统称为强子）的组成部分。胶子是通过强力将夸克结合在一起的"胶水"，可谓名副其实。它们结合夸克的能力实在是太强了，以至于虽然我们已经找到过两个或者三个夸克在一起的情况，甚至偶尔是四个、五个在一起，但迄今为止，我们根本找不到一个孤立的夸克。如果你有结合在一起的两个夸克（成为一种被称为介子的奇异粒子），你必须投入非常多的能量来分离它们，以至于在你能把它们分开之前，你刚刚投入的能量会自发地产生另外两个夸克。祝贺你！现在你有两个介子了。

然而，在非常早期的宇宙中，通常的规则在单一夸克面前也并不比别处更适用。不仅自然界的力在不同的法则下运行，宇宙包含的粒子组合也与现在不一样，而且温度是那么高，以至于夸克的束缚状态不可能以稳定的形式存在。夸克和胶子在一个被称为夸克-胶子等离子体的滚烫混合物中自由地撞来撞去，这种等离子体有点类似火焰的内部，只不过形成火焰的是原子核。

这个"夸克时代"一直持续到宇宙成长到1微秒的成熟年龄。而且在此期间（可能在0.1纳秒左右），弱电力分裂为电磁力和弱力。也是在那个时候，某种因素在物质和反物质（喜欢和物质同归于尽的邪恶孪生兄弟）之间产生了区别，使宇宙的大部分反物质都湮灭掉了[1]。这件事究竟如何及为什么

---

① 现如今，我们在特定类型的粒子反应中能够发现反物质，不过注意到它们主要是因为当反物质粒子遇到相对应的物质粒子时，两者会湮灭，并在同归于尽之时产生一股能量。

会发生，仍然是一个谜。不过身为物质，我们可以庆幸它的发生，这样我们就不会不断地碰到反物质粒子并消失在伽马射线之中了。

与GUT时代相比，我们实际上对夸克时代和夸克–胶子等离子体了解得相当多。该理论发展得相当完备，与GUT相比，它更加接近标准粒子物理学，而且实验证实了我们从电弱统一理论出发向外推的预测。但真正令人惊喜的是，我们实际上可以在实验室里重新创造夸克–胶子等离子体。像相对论重离子对撞机和大型强子对撞机这样的粒子对撞机，通过令金原子核或铅原子核以极高的速度相撞，可以瞬间产生微小的火球，其温度和密度高到将所有的粒子挤压在一起，瞬间让夸克–胶子等离子体状态填满对撞机。通过观察这些碎片"冻结"而成的普通强子，科学家们可以研究这种奇异物质的特性，以及物理定律在这些极端条件下的作用方式。

如果说看到CMB让我们得以一窥大爆炸，那么高能粒子对撞机则让我们尝到了"原始汤"的滋味[1]。

✹ 大爆炸核合成

在夸克–胶子等离子体阶段之后，宇宙逐渐冷却到足以形成我们熟悉的一些粒子。在大约十分之一毫秒的时间里，第一批质子和中子形成了，随后不久电子也形成了，于是普通物质的组成部分便集齐了。在2分钟左右，宇宙冷却到"舒适"的10亿摄氏度，虽然比太阳中心还热，但已经足够凉爽，

---

[1]　它还在不经意间向我们提供了关于时间的另一端的线索：最新的突破向我们提供了证据，表明宇宙的终结可能会以一种完全出乎意料的方式到来，而且可能在任何时候发生。但这都是本书后面的内容，我们不要操之过急。我们也许能够活到第 6 章。

令强力得以将这些崭新的质子和中子聚集在一起。它们形成了第一批原子核：氢的一种叫作氘的同位素（由一个质子与一个中子结合而成；严格来说，一个质子也可以被视为一个原子核，因为它是氢原子的核心）。很快，原子核陆续形成。一些质子和中子开始结合在一起，形成氦核、氚核，以及零星的锂核和铍核。这个过程被称为大爆炸核合成，持续了大约半小时，直到宇宙冷却并膨胀到足以使粒子能够相互远离而不是融合在一起。

大爆炸理论的一个重要验证是，我们发现我们对宇宙的观测结果与我们计算出的大爆炸产生的元素丰度（基于我们对原始火球温度和密度的估计）非常接近。两者并非完全一致，锂的丰度始终让人们困惑不解，这也许暗示了我们，在早期宇宙中还有过其他的古怪事件，但也可能是我们想多了。然而，对于氢、氘和氦，我们实际观测到的数据，与我们假设把整个宇宙扔进一座核反应炉里计算出的数据相比较，结果是完全一致的。

说句题外话，宇宙中几乎所有的氢都是在最初的几分钟内产生的，这意味着构成你和我的成分当中，有相当大的一部分一直在以这样或那样的形态在宇宙中游荡，游荡的时间几乎与宇宙存在的时间一样长。你可能听说过"我们是由星尘构成的"（如果你是卡尔·萨根，那就是"星体物质"），如果我们以质量来衡量，这话绝对没错。你身体里所有较重的元素，如氧、碳、氮、钙等，都是后来产生的，要么是在恒星的中心，要么是在恒星爆炸的时候。不过，氢虽然是最轻的元素，但也是你体内数量最多的元素。因此，不可否认，你体内有许多代古老恒星的灰尘。但是，在很大程度上，你也是由真正的大爆炸的副产品构成的。卡尔·萨根那句更加宏大的宣言仍然成立，甚至内涵更加深刻了："我们是宇宙认识自己的一种方式。"

✷ 最后的散射面

在大爆炸核合成之后，相对而言，炼狱宇宙中的事物开始稳定下来。在那个时候，粒子的混合物大体上是稳定的，并将一直保持到数百万年后第一批恒星出现。但在几十万年间，宇宙仍然是一个嗡嗡作响的炽热等离子体，主要由氢和氦的原子核及自由电子组成，光子在它们之间跳来跳去。

随着时间的推移，宇宙的膨胀为所有辐射和物质提供了扩散的空间。我有时会想象自己经历早期宇宙的这一阶段，就像一次从太阳中心向外的旅行，但不是在空间中移动，而是在时间中移动。我从太阳的中心开始，那里的热量和密度太高了，以至于原子核都在融合，形成新的元素。太阳内部是不透明的，光子不断地在电子和质子上剧烈反弹，乃至一个光子可能需要几十万年持续的散射才能到达太阳表面。最终，随着我向外移动，等离子体的密度变小，光能够在两次散射之间走得更远。到了太阳表面之后，它就可以自由地射向太空。

与此类似，从宇宙最初的几分钟到大约38万年后的时间旅行，将整个宇宙从那个又热又密的等离子体变成了不断冷却的气体，构成气体的质子和电子最终可以聚集在一起形成中性原子，并允许光在它们之间自由穿行，而不是不断地被带电粒子弹开。我们把早期宇宙这个火球阶段的结束称为"最后的散射面"，因为它是时间上的某种表面，在这里，光结束了困于等离子体中的窘境，开始在宇宙中进行长距离的旅行。

这就是我们在观察宇宙微波背景辐射时看到的：标志着热大爆炸结束的时刻。在那个时刻，宇宙变得黑暗、安静，光开始在空间中穿行。它也是宇宙黑暗时代的开始——气体慢慢冷却并凝结成团块，被那些最初的波动造成的微小密集点所吸引。在1亿年左右的某个时候，某一团块密集到能够点燃并形成一颗恒星，宇宙的黎明就正式开始了。

✸ 宇宙黎明

从黑暗的气态宇宙向星系和恒星熠熠生辉的宇宙的转化，主要是由一种奇特的物质驱动的。即使用现有最强大的粒子对撞机，我们也无法重新创造它。在辐射、氢气和其他原始元素的混合物中，有一种我们今天称为暗物质的成分。它并非真正的黑暗，而是不可见：似乎不愿意以任何方式与光互动，不发射、不吸收、不反射辐射。据我们所知，一束射向暗物质团块的光束会直接穿过它。但是暗物质真正的"闪光"之处①，是它的引力。当普通物质试图在其自身引力的吸引下凝结成团时，该物质内部会产生压力，并向外推。但是暗物质可以在没有这种压力影响的情况下凝结。不与光互动的一个副作用是与任何事物都不怎么互动，因为在大多数情况下，物质粒子之间的碰撞源自静电排斥，这需要与光互动才能发生。光子是光的粒子，但也是电磁力的载体，所以如果某个东西是不可见的，它就不会体验到电磁力的吸引或排斥。没有电磁力，就没有压力。

由暴胀结束时的波动产生的第一批高密度物质小斑点，包含了辐射、暗物质和普通物质的混合物。由于普通物质有压力，并与辐射混合在一起，因此起初只有暗物质能够在引力的作用下聚集在一起，而不会立即反弹。后

---

① 我对这种说法表示抱歉。

来，宇宙进一步膨胀，辐射从冷却的物质中流失，气体得以落入这些引力阱，并开始凝聚成恒星和星系。即使在今天，最大尺度的物质结构（由星系和星系团组成的宇宙网）也是由暗物质团块和细丝组成的网络支撑的。在宇宙的黎明时期，这些看不见的团块和细丝第一次发出光，形成明亮的恒星和星系，像暗夜里的彩灯一般沿着网络闪烁。

✸ 星系时代

当大量的星光在太空中奔流时，它们能够电离环境中在宇宙火球阶段结束时已经成为中性的气体，使氢原子重新分裂成自由电子和质子，这便是宇宙的下一次重大转变。强烈的星光创造出的巨大电离氢气气泡围绕着最明亮的星系群。这些气泡在宇宙中扩张，标志着"再电离时代"（之所以要有个"再"字，是因为气体在大爆炸开始时已经被电离过，现在是被恒星再次电离）的到来。这一转变在大爆炸之后大约10亿年时完成，现在是观测天文学的前沿之一，而我们只是刚刚开始了解它是如何及何时发生的。在那之后的近130亿年里，宇宙中的一切一直以差不多相同的方式进行着，星系形成与合并，超大质量黑洞在星系中心积累质量，新的恒星诞生并度过它们的一生。

于是便到了我们现在这个时代。我们今天看到的宇宙是一个巨大而美丽的星系网，在黑暗中闪闪发光。我们所处的蓝白相间的美丽世界围绕着一颗中等大小的黄色恒星运行，这颗恒星身处的星系在各个方面都相当接近平均水平。虽然我们还没有发现明确的信号，但这个不起眼的星系可能充满了生命，因为很久以前爆炸的超新星的碎片提供了生物的基本成分，散落在1000

亿颗恒星周围的不同行星上。根据目前的估计，多达十分之一的恒星系统会有这样的一颗行星，其大小和与恒星之间的距离恰好可以维持其表面的液态水。尽管并不能肯定，但这暗示着生命可以在那些地方想方设法发展壮大。在整个可观测宇宙中可见的其他数以万亿计的星系中，可能存在着无数其他物种，它们有自己的文明、艺术、文化和科学研究，都在从自己的角度讲述宇宙的故事，慢慢发现自己的原始历史。在这些世界里的每一个地方，和我们相像或者不相像的生物可能正在探测宇宙微波背景辐射的微弱嗡鸣，推断出宇宙大爆炸的存在，以及这样一条令人震惊的知识：我们共同的宇宙并不能无限地向过去回溯，而是有一个第一时刻、第一个粒子、第一颗星。

　　而那些生命，可能像我们一样，正在意识到同样的道理：一个非静止的宇宙，有一个明显的起点，也一定不可避免地有一个终点。

第 3 章

大坍缩

让我们从世界末日开始吧，有何不可呢？把它搞定了，再去做更有趣的事情。

——N.K.杰米辛[①]，《第五季》

---

① N.K. 杰米辛（N. K. Jemisin），美国科幻及奇幻小说家、心理学家，连续三年获得雨果奖最佳长篇小说奖。

在北半球秋天某个无月的夜晚，让我们仰望漆黑的夜空，寻找呈巨大"W"形的仙后座。如果天空足够暗，盯着它下方的空间看几秒，你会看到一团幽暗而模糊的亮斑，大小差不多相当于满月。那块模糊的亮斑就是仙女星系，一个由大约1万亿颗恒星和一个超大质量黑洞组成的巨大螺旋盘，它正在以每秒110千米的速度向我们飞速袭来。

再过大约40亿年，仙女星系和我们自己的银河系将发生碰撞，创造出一场辉煌的闪光表演。恒星将被毫无章法地甩出它们的轨道，形成恒星流，在宇宙间划出优美的弧线。星系内氢气的突然相撞将引发一场小规模的爆发式造星过程。先前沉睡着的中央超大质量黑洞周围，气体会被点燃。这些黑洞将在万物的中心相遇，沿着螺旋的轨迹彼此相融。强烈辐射和高能粒子的射流将刺穿在一片混乱中相互纠缠的气体和恒星，并随着那些在劫难逃的物质在旋涡中堕入更加庞大的新超大质量黑洞。新星系的中心区域将受到旋涡发出的炽热X射线的照耀。

哪怕在这个宏大的星系撞车现场，由于恒星相互之间巨大的距离，正面撞击也是不太可能出现的，太阳系作为一个整体也许会幸存下来。不过，地球不会。到那时，太阳早已膨胀成红巨星，把地球加热到海洋沸腾，完全消除表面存在生命的可能性。然而，如果人类的智慧能够在太阳系维持一个观察哨，两个巨大螺旋星系历时数十亿年的结合将是一个令人敬畏的绚丽过程。当粒子喷射和超新星爆发平息后，剩下的质量将变成一个巨大的椭圆星系，由古老的垂死恒星组成。

尽管对身处其中的人来说，这可能是一场大灾难，但从宇宙的角度来说，星系的合并实属日常，而且从一个遥远的有利位置观察，就会觉得奇妙又可爱。大型星系撕裂并吞噬较小的星系，临近的星系相互结合。有证据表明，我们自己的银河系曾经吞噬过几十个较小的星系。我们仍然可以看到，在我们所处的星系盘周围，恒星流甩出了巨大的弧线，就像星际车祸的碎片。

然而，在整个宇宙范围内，像这样的碰撞正变得越来越少。宇宙正在膨胀：空间本身（事物之间的空间，而不是事物本身）正在变大。这意味着，平均而言，孤立的单个星系和星系群正在相互远离。在每个星系群和星系团内，合并仍然可以发生。我们近旁的恒星系统集合，即名字毫无特色的"本星系群"，是两个巨大的螺旋形星系主导着许多小型不规则星系组成的松散团体，而我们注定迟早会变得美好而舒适。不过，再往外走，越过几千万光年的距离之后，一切似乎都在向外扩散。

从长远来看，最大的问题是：这种扩张是否会无限期地持续下去，或者最终会停下来，掉转方向，再让万物都撞到一起？我们又如何知道这种扩张正在发生呢？

身处一个在每个方向上都以同样方式膨胀的宇宙中，它本身看起来并不像是在膨胀，而是仿佛其他一切都在远离你，无论你在什么地方。从我们的角度，我们看到遥远的星系都在远离我们，就好像我们释放出某种排斥力。但是，如果我们突然到了10亿光年之外的某个星系中，我们会看到同样的现象：银河系和一定距离之外的其他一切都在远离那个位置。这种有些违反直觉的行为是空间在任何地方以同样方式、同样速度变大造成的（图7）。

其结果是，宇宙中的每一个点都是看起来强大而均匀的排斥力的节点。

 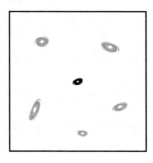 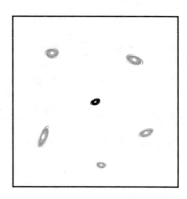

图7　宇宙膨胀示意图。在这里，宇宙的尺寸在三个不同时刻的依次增大，表示为由左至右正方形面积的增加。随着时间的推移，星系会彼此分开，但它们本身并没有随着空间的扩张而变大。

严格来说，宇宙没有中心。但是我们每个人都是自己的可观测宇宙的中心[①]。而从我们的角度来看，所有在我们附近以外的星系都在以尽可能快的速度远离我们。这不是我们的问题，而是宇宙学的问题。

发现宇宙在膨胀的难度比你想象的更大。虽然从18世纪开始，我们就已经能够通过望远镜看到银河系以外的星系，但是它们距离我们那么远，运动那么慢（以人类的时间尺度来判断），以至于确定它们相对于我们是怎么运动的，甚至确定它们是星系，都花了两个多世纪。即便到了现在，用最强大的望远镜也不能直接看到这种运动——星系并不会在我们每次观测的时候都看起来比上次更远一点。但是我们还是可以探测到宇宙的膨胀，方法是仔细分析星系的一个看似无关的属性：其发出的光的颜色。

如果你听到过赛车经过时声调先是升高然后突然下落的"呜呜"声，或

① 身为自己宇宙的中心，这话也许起初听起来很吸引人，直到你考虑到，这一点的观察证据是：一切事物都在试图尽快远离你。

者警笛接近和远离时的声调变化，那么你已经熟悉多普勒效应了。你通常体验到的多普勒效应指的是：当发出声音的物体向你移动时，其声调会升高；而当它远离你时，声调会下降。这与空气中的压力波在接近时被挤压、离开时被拉长，从而改变了你听到声音的频率有关。毕竟，频率其实就是波一个接一个冲向你的速度。对于声音，这些波是压力波，频率越高，声调越高（图8）。

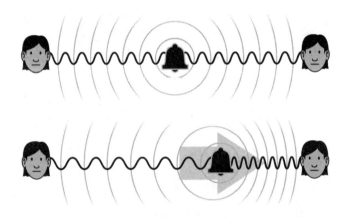

图8　多普勒频移示意图。当声源静止时，两个静止的观察者听到的频率是一样的。当声源移动时，对声源远离的观察者来说，声波被拉长到较低的频率；而对声源接近的观察者来说，声波则被压缩到较高的频率。前者听到的是低音，后者听到的是高音。

事实证明，光也有类似的效果。光源向你移动的光频率会变高，而远离你的光频率会变低。对光来说，频率对应着颜色，所以这种转变看起来像颜色的变化。电磁波谱的范围远远大于可见光，但是为了便于记忆，当发生光的多普勒频移时，向上的频移被称为蓝移（因为高频可见光是在光谱的蓝色一端），向下的频移被称为红移。极度蓝移的可见光会表现为伽马射线，而极度红移的光会表现为无线电信号。这种现象是天文学中极其通用且重要的工具之一，因为它使我们能够仅仅通过某颗恒星或某个星系的颜色看出来它是在向我们靠近还是在远离。

当然，在实践中，事情并没有那么简单（天体物理学在这方面可能会令人沮丧）。有些恒星和星系就是比其他的恒星和星系更红，这是天生的。那么，如何知道一个东西是红色的，是因为它本身就是红色的，还是因为它在远离？[①]关键在于，光从来都不是只有一种颜色，而是覆盖一定频率范围的光谱。在恒星的大气中，不同化学元素会吸收或发射光，这样就形成了恒星光谱中的特征模式。当用棱镜散射光时，不同的颜色会有不同的强度，而在某些频率处会出现暗线或间断。恒星大气中的原子正是吸收了这些频率的光——或者说这些频率的光在到达你那里之前就被气体移除了。这些模式产生了一项每种元素独有的条形码，天文学家们一眼就能认出其线条图案。因此，举例来说，穿过氢气云的光，当它包含的所有频率都被散射出来后，会呈现一种特定的梳状暗线图案。我们从实验室的测试中了解到这些线条应该在哪些位置，图案应该是什么样子，而且我们可以用其他元素的图案重复这个过程。如果一颗恒星的光谱中有一个可识别的梳状图案，但那些线条出现在"错误"的频率处，那就说明来自该恒星的光已经因为该恒星的运动而发生了频移。如果每条线都以同样的方式移到较低的频率，那就是红移，即恒星正在远离；如果每条线都移到高位，那就是蓝移，即恒星正在接近。而这些线位移的距离可以告诉我们这颗恒星移动的速度。

天文学家已经非常擅长这种测量了。现在对宇宙中的任何光源来说，红移或蓝移是最直接的观测项目之一，只要我们能够采集到它的光谱，并且它

---

① 我们有时在"小"与"远"之间也会遇到类似的问题。

有可识别的暗线图案。我们可以用这种测量来确定银河系内的恒星是如何相对于我们移动的，或者探测某颗恒星被围绕其运行的行星来回拉扯造成的微小晃动。

当涉及遥远的星系时，我们现在不仅可以靠红移来测量它们是如何在空间中移动的，朝向我们还是远离我们，以及速度有多快或多慢，还可以测量它们离我们多远。这是怎么做到的呢？无论一个星系如何在自己的空间中运动，宇宙的膨胀，也就是我们这里和它那里之间的空间正在膨胀这一事实都意味着，它会远离我们。而它远离我们的速度取决于它现在离我们有多远。

1929年，天文学家埃德温·哈勃在观察星系的红移时，注意到了一个显著而简单易懂的规律。平均而言，星系距离我们越远，红移的程度就越高。这种关系使我们既能确认宇宙的扩张，又能描绘它的演变。如果将红移转化为速度的变化，哈勃观测到的规律就意味着，一个星系越远，它就在以越快的速度离开我们。

想象一下，在你的两手之间拉一根弹簧。（只是拉，不是弹来弹去哟。我们在探讨科学呢。）当你的双手分开时，弹簧的每一圈和与它相邻的圈只拉开一指宽的距离，但在相同的时间内，两端的圈最终会相隔几十厘米。如果空间在各个方向上都在均匀地膨胀，那么同样的关系也应该成立（图9）。而这正是哈勃的观察所发现的。在数学上，这给了我们一个简单方便的经验法则：一个星系的表观速度与它和我们之间的距离成正比。这意味着，首先，越远的东西离开得更快；其次，有一个常数，你用它乘以任何星系的距离，便能得到它的速度。虽然是哈勃的数据最终证明了这一关系，并提出了对这一数字的估值，但这一比例实际上是由比利时天文学家乔治·勒梅特在

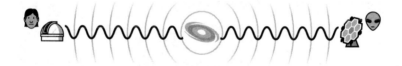

图9　宇宙膨胀和红移。随着宇宙的膨胀，来自遥远星系的光被拉长了。这意味着，随着宇宙膨胀的进行，我们会观察到来自遥远星系的光的波长变得更长（红移）。因为膨胀无处不在，另一个观察者在宇宙中其他地方观察一个遥远的星系，也会看到该星系发出的光发生红移。

几年前从理论方面预测的。这种关系因此被称为"哈勃-勒梅特定律"①，而比例常数（就是你用来乘以距离的那个数字）被称为哈勃常数。

对我们来说，这里的关键部分是红移和距离之间的联系。这意味着我们可以观察一个遥远的星系并测量红移，据此确定该星系与我们的确切距离（有一些技术上的注意事项②）。

但红移也与宇宙时间有关。宇宙的膨胀使天文学中的很多事情都变得奇怪了，其中之一就是，我们用本质上是一种颜色的数字来表示速度、距离，以及宇宙在某种物体发光时候的年龄。物理学实在太狂野了。

___

①　虽然天文学界的人往往称之为"哈勃定律"，但在 2018 年，国际天文学联合会投票表决，正式承认勒梅特的贡献，把他的名字加入这个名称中。作为一个理论家，我赞成这个结果。
②　在"近旁的"宇宙中，远离速度很小，这只是一个简单的除法问题：速度除以哈勃常数等于距离。对于更远的光源，事情就有些复杂了，这是因为哈勃常数并不是在整个宇宙的历史中一直保持不变，而且当速度非常高时，比例关系也并不是一个严格的比例关系。一般来说，可以安全地假设，如果宇宙学中有什么理论听起来非常简单，那么它要么是一个近似，要么是一个特例，要么是我们毕生追求的终极万物理论。（我是不会押注选项 3 的。）

　　具体的原理是这样的。如果我们测量一个星系的红移，就能知道它远离的速度，进而可以用哈勃-勒梅特定律来计算它的距离。但是，由于光传播到我们这里需要时间，而我们已知光的速度，那么知道距离也就知道了光在路途中耗费了多长时间。这意味着，测量某个星系的红移就可以得知光离开星系有多久了。由于我们知道宇宙现在的年龄，因此测量结果告诉了我们，当那个星系发出我们所看到的光时宇宙的年龄。

　　考虑到这一切，天文学家可以用红移来指代宇宙的早期时代。"高红移"是指宇宙年轻的时候；"低红移"是指更晚的时候。红移0是我们所处的现今的宇宙；红移1是70亿年前的宇宙。在高的那端，红移6是一个刚刚诞生十几亿年的宇宙。而对于最初的宇宙，如果我们能看到的话，将会得到一个无限大的红移。

　　所以，高红移星系是一个遥远的星系，存在于宇宙的年轻时代；而低红移星系则相对较近，基本上存在于"现代"的宇宙中。

　　距离、时间、红移的关系在宇宙学中是非常有用的。但它所依赖的事实是，远离的速度总是以已知的方式随距离增加。如果膨胀突然变慢了呢？万一它停止了，并且扭转了方向呢？其中一个后果是，它将完全违背我们的测距经验法则，这使很多天文学家感到不安。另一个后果几乎同样重要：它将为宇宙及其中的一切带来厄运。

✺ 上升与膨胀

　　我们已经知道：第一，宇宙始于大爆炸；第二，它目前正在膨胀。那么合乎逻辑的下一个问题就是：它是否会掉转方向跟自己较劲，最后终结于一场灾难性的大坍缩？从一些非常基本而合理的物理学假设开始推测，一个膨胀的宇宙似乎只有三种可能的未来，它们都可以相当直接地类比于一个球被扔到空中之后发生的事情。

现在请想象，你站在地球上的室外，并把棒球垂直地扔上去。为了便于论述，假设你臂力强大得不像人类（并且空气阻力并不存在），会发生什么？

在通常情况下，作为对你给它的初始推力的反应，球会上升一段时间，但是从它离开你的手开始，它的上升速度就在被地球的引力拖慢[1]。最终它会慢到停在空中，然后返回，落向你和你脚下的行星。但是，如果你非常快地扔出球（具体来说是达到每秒11.2千米，即地球的逃逸速度），原则上你给球的推力大到了足以使它完全离开地球，同时略微放慢速度，只有在遥远的未来（或者，我想，当它撞到其他东西时）才会停下来。如果你扔得比这还快，它就会完全脱离地球的束缚，一往无前，直到永远。

膨胀的宇宙的物理学规律遵循非常相似的原则。最初的推动力（大爆炸）引发了膨胀，从那时起，宇宙中所有物体（星系、恒星、黑洞等）的引力都与膨胀作对，试图减缓它，将一切重新拉回到一起。引力是一种非常弱的力，是自然界所有力中最弱的，但它的范围是无限的，而且只有吸引，没有排斥，所以哪怕是相距遥远的星系也必然相互拉扯。正如棒球的例子一样，问题归结为最初的推力是否足以抵消所有的引力。我们甚至不需要知道

---

[1] 严格来说，球和地球在相互拉扯，因为引力是双向的，但是地球因为棒球的引力而产生的运动量微乎其微。

最初的推力是什么。如果我们现在测量膨胀速度，同时测量宇宙中的物质总量，就可以确定其引力是否足以使膨胀最终停止。或者，如果我们能够推断出遥远过去的膨胀速度，我们就可以通过将其与今天的膨胀速度比较来确定膨胀是如何随时间演变的[①]。

如果我们的宇宙注定有一天会遭受大坍缩，那么通过这样的推算就可以看到第一个线索。在崩溃开始之前，我们将能够看到，过去更快的膨胀速度一直在以一种末日即将降临的方式放缓。随着时间的推移，随着确定性的增加，我们会在崩溃正式开始之前亿万年间注意到即将崩溃的迹象。

但在开展数据分析之前，让我们停下来问一句：正在收缩的宇宙的过渡期和最终的末日看起来会是什么样子？毕竟，这才是你阅读这一章的真正目的。

现在，一个物体越远，它的远离速度就越快，因此它的红移值就越高。这就是所谓的哈勃－勒梅特定律。在一个注定要坍缩的宇宙中，这种模式将一直持续到膨胀完全停止，即过山车的顶端时刻。但是，由于光速使我们无法一次性看到整个宇宙，实际上已经转身逐渐靠近我们的遥远物体，我们仍会继续看到它们在远离。尽管在某种整体意义上，最遥远的天体比我们附近的天体更快地朝我们冲来，但一开始我们看到的情形恰恰相反。每一个附近的星系，一直到我们的宇宙邻域之外，看起来都会慢慢地向我们靠近。就像仙女星系一样，它发出的光会产生蓝移。就在这些星系之外的某个距离上，所有的东西仿佛都是静止的，而更远的物体的光则是产生红移，看起来在远

---

① 你可能会想，我们是否可以直接测量现在和十年后的膨胀，看看它有什么变化。不幸的是，我们目前的技术实现不了如此精确的测量，但是在未来的几十年里，我们也许能够实现这种比较。

离。随着时间的推移，附近的蓝移星系接近得越来越快，静止区域的半径也越来越大。很快，我们都不再担心遥远的物体会发生什么，因为附近的星系向我们这片空间区域涌来的现象已经变得无法被忽视，或者至少非常不应该被忽视。

我们也许会稍微（如果比较天真的话）放心，因为到那时我们对这种事情已经有了一些经验：在这种场景中，崩溃的第一个迹象将会出现在我们与仙女星系碰撞之后很久。即便是最悲观的估计，任何大坍缩事件也只会发生在亿万年之后——我们的宇宙已经存在了138亿年，就未来崩溃的可能性而言，它绝对还没有度过中年呢。

我们已经探讨过了，仙女星系和银河系的碰撞不太可能直接影响太阳系。然而宇宙崩溃的启动就完全是另一码事了。起初，它可能看起来似曾相识：星系碰撞并重新排列，新的恒星和黑洞被点燃，一些恒星系统被抛向太空。然而，随着时间的推移，骇人的真相将越来越清晰地摆在面前：一些非常可怕的事情正在发生。

随着星系靠得越来越近，合并越来越频繁，满天的星系将迸发出新星的蓝光，巨大的粒子和辐射喷流将撕裂星系间的气体。新的行星可能会伴随这些新的恒星而诞生，也许有些行星会有时间发展出生命，尽管在这个崩溃中的混乱宇宙里，超新星爆发的可怕频率可能会把新生行星辐射得干干净净。星系之间和中心超大质量黑洞之间的引力相互作用将会更加暴虐，恒星会被甩出自己的星系，又被其他星系的引力捕获。但是，即便到了这个地步，单个恒星之间的碰撞也是罕见的，而且直到这幕大戏的后期也如此。恒星的毁灭是通过另一个过程实现的，这个过程也将确保任何可能仍在行星上流连的生命最终消亡。

原因是这样的：

今天正在发生的宇宙膨胀不仅仅拉长了来自遥远星系的光线，还拉长并削弱了大爆炸本身的余光。上一章讨论的大爆炸最有力的证据之一，就是我们可以真正地看到它，只要看得足够远。具体来说，我们看到的是来自所有方向的昏暗光点，是宇宙初生时产生的光。这种暗淡的光实际上就是宇宙某些部分的直观景象。这些部分距离我们如此之远，以至于从我们的角度来看，它们仍然在燃烧，仍然处于宇宙的早期高温阶段。当时，宇宙的每一部分都是又热又密，被翻涌的等离子体遮蔽了光线，就像恒星的内部。那些早已熄灭的火焰发出的光一直在向我们靠近，走过了足够远的距离，现在刚刚到达。

我们体验到的之所以是这种低能量、弥散的背景（宇宙微波背景辐射），是因为宇宙的膨胀拉长并分离了每个光子，以至于它们现在仅仅是一点微弱的无线电干扰。事实上，它们表现为微波是由于极端的红移。宇宙的膨胀可以产生很多作用，包括把一个超乎想象的地狱的热量稀释和拉伸，直到把它变成隐隐嗡鸣的微波，而我们对它的体验可能只是老式模拟电视上的些许无线电干扰。

如果宇宙的膨胀发生逆转，这种辐射的扩散也会逆转。突然间，宇宙微波背景辐射（那种无害的低能量嗡鸣）发生了蓝移，各处的能量和强度迅速增加，朝着非常令人不舒服的水平发展。

但这仍然不是杀死恒星的真正原因。

原来，相对于火热空间的余光凝聚，有一种东西可以创造能量更高的辐射。在宇宙随着时间的推移而演变的过程中，它利用引力，将在宇宙的最初阶段还相当均匀的气体和等离子体集合起来，形成恒星和黑洞①。那些恒星已经闪耀了数十亿年，将它们的辐射送入虚空。辐射虽然扩散开来，但并没有消失。甚至黑洞也有机会发光，在落入黑洞的物质被加热并产生高能粒子喷流时发出 X 射线。恒星和黑洞产生的辐射甚至比大爆炸的最后阶段还要热，而当宇宙重新坍缩时，所有这些能量也会凝结。因此，整个过程并不是完美的对称——膨胀和冷却之后紧跟着凝聚和加热。实际上，坍缩要糟糕得多。如果你被要求选择是在大爆炸之后还是在大坍缩之前处在太空中某个随机的位置，请选择前者②。所有来自恒星和高能粒子喷流中的辐射，在坍缩时突然被凝聚和蓝移到更高的能量，其烈度将足以在恒星本身发生碰撞前很久就开始点燃恒星的表面。核爆炸撕开恒星大气层，扯碎恒星，将热等离子体注入太空。

到了这一步，情况真的非常糟糕。当恒星本身都被背景光引爆时，没有哪颗已经存活了这么久的行星能不被烧成灰烬。从这时候开始，宇宙的辐射强度之高已经可以与活跃星系核的中心区域相提并论。在那些地方，超大质量黑洞发射着高能粒子和伽马射线，其威力之大足以使辐射喷流长达1000光年。在这样的环境中，当物质被还原成构成它的粒子后，会发生什么是不确定的。一个坍缩的宇宙在最后阶段的密度和温度，将超出我们在实验室中能够产生的或用已知粒子理论描述的范围。有趣的问题不是："会有什么东西能幸存下来吗？"（因为到这一步已经非常清楚了，答案是直截了当的"不

---

① 还有其他一些次要的东西，比如行星和人，但是为了方便这次讨论，我们可以忽略这些。
② 用传奇乐队 D:Ream 的话说："事情只会越来越好。"

会"）而是："一个崩溃的宇宙能否反弹并重新开始？"

循环宇宙，从爆炸到坍缩，周而复始，直到永远，在整洁性方面有一定的吸引力。我们将在第7章中更详细地探讨这些问题。与从无到有和灾难性的最终结局相比，一个循环宇宙原则上可以在时间轴上朝任意方向反弹，循环没有尽头，没有浪费。

当然，一如宇宙中的一切，事情比这复杂得多。仅仅凭借爱因斯坦的引力理论，即广义相对论，就可以推断，任何有足够质量的宇宙都有一个固定的轨迹。它以一个奇点（时空的无限致密状态）开始，以一个奇点结束。然而，在广义相对论中并没有一个从结束的奇点过渡到开始的奇点的机制。我们有理由相信，我们的物理理论，包括广义相对论在内，都无法描述接近这种密度的情况。我们相当了解引力如何作用于大尺度和相对弱的引力场，但我们不了解它在极小尺度上是如何运作的。而当整个可观测宇宙坍缩成一个比原子还小的点时，遇到的各种场强都将是无法计算的。我们可以相当自信地认为，对于那种特定的情况，量子力学应该变得很重要，并会把事情搞得一团糟。但说实话，我们不知道具体是什么事情。

坍缩后又回弹式爆发的宇宙还有另一个问题：什么东西能够经历反弹而留存下来？或者，有什么东西能从一个周期生存到另一个周期吗？在膨胀的年轻宇宙和坍缩的年老宇宙之间，我提到过一种就辐射场而言的不对称性，事实上它暗藏着非常严重的问题，因为它意味着宇宙每经历一个周期都会变得更加混乱——这里所说的混乱是可以精确计算、具备物理学意义的。这使得循环宇宙从一些非常重要的物理学原理的角度来看不那么吸引人，我们将在后面的章节中讨论那些原理。这样的宇宙肯定更难与减量化–再使用–再循环的生态学理念兼容。

隐形的诱惑

不管有没有反弹，一个物质过多而膨胀不足的宇宙注定会发生坍缩，所以检查一下在这种平衡方面我们面临着怎样的局面，似乎是一个好主意。不幸的是，由于并非所有的物质都那么容易被看到，测量宇宙的物质含量还是挺麻烦的，而且当你手里只有一张照片时，确定一个星系的质量再怎么轻描淡写也是一种挑战。早在20世纪30年代，人们就已经确认了，仅仅统计星系和恒星，意味着漏掉了某些重要的东西。在研究了星系在星系团中的运动之后，天文学家弗里茨·兹威基注意到它们似乎移动得太快了，按理说应该飞向空旷太空的，就像因为旋转木马转得太快而被甩出去的小孩一样。他提出，也许有一些看不见的“暗物质”将所有东西保持在一起。作为一种令人不安的可能性，这个想法一直在天文界流传，直到20世纪70年代的某个时候，维拉·鲁宾一劳永逸地证明，如果没有某些额外的不可见物质，那些螺旋星系真的无法解释。

自鲁宾之后，暗物质存在的证据一直在不断增加，部分原因是我们现在了解了它在早期宇宙中的重要性，但它仍然难以被直接检测，因为它显然没有兴趣与我们的粒子探测器发生相互作用。目前最流行的观点是，暗物质是某种尚未发现的基本粒子，有质量（因此有引力），但与电磁力或强力没有任何关系。理论表明，它也许可以通过弱力与其他粒子相互作用。这为探测提供了一些可能性，不过信号很难被发现，而且我们确实还没有发现。我们已经看到的是，有大量证据可以证明它的引力对恒星和星系造成的影响，以及它当初令恒星和星系从原始汤中形成的能力。而且比这更好的是，我们可以在空间本身的形状中看到暗物质存在的证据。

爱因斯坦的重要理论之一（他有很多重要理论）是，最好不要把引力理解为物体之间的力，而是理解为有质量物体周围空间的弯曲。想象一下，在蹦床的表面滚动着一个网球，现在把一个保龄球放在中间。网球落向保龄球，或者沿着弧线经过保龄球旁边，就可以相当传神地类比于物体经过有大质量物体存在的空间时的运动方式。空间本身的形状导致物体的运动轨迹发生弯曲。但是，受到空间弯曲影响的不仅仅是有质量物体的轨迹，就连光也会对它穿过空间的形状做出反应。就像一条弯曲的光缆可以让里面的光转弯一样，一个造成了空间弯曲的大质量物体也可以导致光围绕它弯曲。星系和星系团对它们背后的物体来说，就是起扭曲成像作用的放大镜。关于暗物质，我们手中最令人信服的一些证据源自这一发现：这种"引力透镜"效应超出了我们实际看到的东西的质量能够产生的效果，也就是说还有一些质量属于看不见的物质。结果表明，存在着大量的暗物质。人们最早尝试只凭借可见的东西来计算宇宙中的物质，得出了一个非常不准确的结果。在维拉·鲁宾的研究成果公开之后不久，人们清楚地认识到，宇宙中的绝大多数物质是暗物质。

但是，即便暗物质被准确地计算在内，也很难确定太空中的物质密度是在临界密度的哪一侧。临界密度定义了重新坍缩的宇宙和永恒膨胀的宇宙之间的边界。确定宇宙的内容只是问题的一部分，另一部分是弄清楚宇宙膨胀的速度究竟有多快，或者说，膨胀是如何随宇宙时间变化的。事实证明，这并非易事。

为了准确地测出宇宙历史上合理的时间范围内的宇宙膨胀率，你需要调查位于不同距离上的大量星系。然后，对于每个星系，你需要计算出两个指标：它的速度，以及它与我们的实际物理距离。天文学家早在1929年就用哈勃－勒梅特定律算出了本地膨胀率（尽管此后几十年里人们一直在对确切的系数展开争论，而且直到现在仍存争议）。但是为了回答大坍缩的问题，我们需要知道整个宇宙时间长河中的膨胀率，这意味着巨大的空间距离。对方程中的星系速度部分来说，这并不是一个大问题，因为这可以通过测量红移来确定，一般来说，红移的测量是相当简单的。然而，准确地测量数十亿光年的距离，则要困难得多。

在20世纪60年代末，通过利用感光底片上的图像研究星系的距离和速度，天文学家越来越自信地指出，尽管还有很多不确定因素，但我们注定要归于坍缩。天文学家们就此写下了一些非常激动人心的论文，深入研究那会是一幕怎样的场景。那是一个令人振奋的时代。

然而，在20世纪90年代末，天文学家完善了一种更精确的宇宙膨胀测量方法，包括将几种测量宇宙距离的方法组合在一起，并应用于在极远的地方爆炸的恒星。最终，他们能够对宇宙进行真正的测量，并一劳永逸地确定其最终的命运。他们的发现几乎震惊了所有人，为团队的三位带头人赢得了诺贝尔奖，并彻底打乱了我们对物理学基本运作原理的理解。

这一发现表明，我们几乎百分百不会在大坍缩中被火烧死。当然，这也

万物的终结

算不上什么安慰①。重新坍缩的替代方案是永恒的扩张，就像永生一样，乍一听感觉不错，细想则不然。好的一面是，我们并不会在末日般的宇宙地狱中灭亡；而坏的一面是，我们的宇宙最有可能的命运，将以它自己的某种方式更加令人不安。

---

① 根据我们目前的理解，重新坍缩并非不可能。如果暗能量（我们将在下一章讨论）具有特别奇怪和意外的特性，它可能会逆转我们的膨胀。但是到目前为止，似乎并没有证据能证明这一点。

第 4 章

热寂

瓦伦丁：热量都参与进去了。

（他朝半空挥了一下手，指点着房间，指点着整个宇宙。）

托马西娜：对啊，如果我们要跳舞的话，得抓紧时间了。

——汤姆·斯托帕德[①]，《世外桃源》

---

① 汤姆·斯托帕德（Tom Stoppard），英国剧作家。

我最早的天文学记忆之一是1995年某本《发现》杂志的封面故事。文中为所谓"宇宙的危机"发出警告。它用数据推导出了一些不可能的结论：宇宙似乎比它自己的一些恒星还要年轻。

所有以将当前的膨胀向大爆炸回溯为基础对宇宙年龄的仔细计算，都表明宇宙的年龄在100亿年或者120亿年左右。而对附近古老星团中最早恒星的测量，得到的年龄更接近150亿年。当然，估计恒星的年龄并不总是一门精确的科学，所以可能会有更精确的数据表明这些恒星要更年轻一些，从而使差异减少一二十亿年。但是靠延长宇宙的年龄解决剩下的差异会产生一个更大的问题。让宇宙变老需要废除宇宙膨胀理论——自发现宇宙大爆炸以来早期宇宙研究中最重要的突破之一。

天文学家又用了3年时间梳理数据、修改理论，并创造测量宇宙的全新方法，才找到一个不会与早期宇宙产生冲突的解决方案。只不过，它与其他一切并不相符。最后，答案归结为一种交织在宇宙结构中的新物理学——它将从根本上改变我们对宇宙的看法，并完全改写其未来。

✸ 绘制暴烈的天空

在20世纪90年代末发现宇宙年龄危机解决方案的科学家们并没有试图彻底改变物理学。他们打算回答一个看似简单的问题：宇宙膨胀减慢的速度有多快？当时的常识是，宇宙的膨胀是由大爆炸引起的，而且从那时起，宇宙中万物的引力一直在减缓它。测量一个数字，即减速参数，将令我们了解到大爆炸产生的外向动力和宇宙万物的内向引力之间的平衡。减速参数越大，引力对宇宙膨胀的阻碍就越大。该参数的数值大，则表明宇宙注定要发生大坍缩；数值小，则表明尽管膨胀正在放缓，但它不会完全停止。

当然，要想测量减速，必须找到一种方法来测量宇宙在过去的膨胀速度，并将其与现在的膨胀速度进行比较。幸运的是，我们可以通过观察遥远的事物直接看到过去，再加上宇宙的膨胀使一切看起来都像是在远离我们，这意味着这个方法是完全可行的。我们所要做的就是看看附近的物体和非常远的物体，看看它们远离我们的速度分别有多快，然后应用一点数学知识。小菜一碟！

好吧，在实践中这一点也不简单，因为除了红移之外，你还必须知道距离，而跨越深空的距离是很难测量的。但是我们敢说，这种测量是可以做到的，尽管非常非常困难。幸运的是，天文学家有一套庞大而多样的工具可以用来测量宇宙中的事物，而具体到我们正在探讨的这个问题，原来遥远恒星毁天灭地的热核爆炸正好能派上用场！

简短的解释是，某些类型的超新星爆炸的性质是可以预测的，乃至我们可以把它们用作宇宙的里程标。这种爆炸涉及白矮星暴烈的死亡。白矮星在它们没有爆炸的时候，是那种缓慢冷却的恒星残骸。我们的太阳在度过它毁灭行星的红巨星阶段后，最终也会变成这样。当一个白矮星增长到一定的临界质量（或者通过从伴星上拉取物质，或者通过与另一个白矮星相撞[①]）时，它就会爆炸。这被称为Ⅰa型超新星，它会产生一种独特的亮度上升或下降，以及一种标志性的光谱，我们可以相当有把握地将其与其他宇宙级爆发事件

---

① 奇怪的是，截至我写这本书时，我们实际上仍不确定其中哪一个是发生这种事件的主要原因。我们只是看到恒星爆炸，还知道至少有一颗白矮星参与其中。

区分开来。原则上，如果你非常了解这种爆炸的物理性质，你就会知道它在近处看会有多亮，那么如果再把它从远处看起来的亮度纳入计算，你就可以推断出光线走了多远。我们称之为"标准烛光"法，因为它就像一个你知道其确切瓦数的灯泡。只要你有了这个数据，你就可以利用灯泡离得越远看起来越暗的事实来推断距离。只不过我们说"蜡烛"而不是"灯泡"，因为这样听起来更有诗意。

一旦你测出了距离，你就需要知道超新星远离的速度。为此，你可以使用来自爆炸恒星所在星系的光的红移，这可以告诉你宇宙膨胀在那个位置有多快。使用距离和光速来计算这件事发生在多久以前，你就测出了过去的膨胀速度。

1998 年，就在《发现》杂志上的那篇文章对宇宙年龄发出警告几年之后，两个研究小组各自独立地收集对遥远超新星的观测结果，得出了同样的完全说不通的结论。那个减速参数（衡量膨胀率放缓速度的参数）是负的。膨胀根本就没有放缓，它正在加速。

✳ 宇宙的形状

如果宇宙表现良好，那么宇宙膨胀所涉及的基本物理学应该就像我们在上一章讨论往上扔球那样简单。如果扔出的速度太慢，它就会上升一会儿，再慢下来，继而停止，然后掉落：这就像一个有足够物质（或者最初由大爆炸引发的膨胀足够弱）的宇宙，引力获胜，使宇宙重新坍缩。如果球有一个快得超乎想象的出手速度，它就可能会恰好逃脱地球的引力，一直减速，但始终在太空中漂泊：这就像一个在膨胀和引力之间完美平衡的宇宙。如果有更快的扔球速度，意味着球将逃脱地球并永远地渐行渐远，随着地球引力的影响越来越小而接近恒定的速度：这就像一个永远膨胀的宇宙，内部没有一处地方拥有足够的物质来扭转膨胀，甚至无法使膨胀有较大的减缓。

这些可能的宇宙模型中，每一种都有名字和特定的宇宙几何结构（图10）。这个几何结构不是指宇宙的外部形状（球体或立方体或其他什么），它是一种内部属性，并且可以告诉你，如果让巨大的激光束在宇宙中穿过遥远的距离，它们会有什么表现。（如果你打算测量空间的一个属性，你不妨

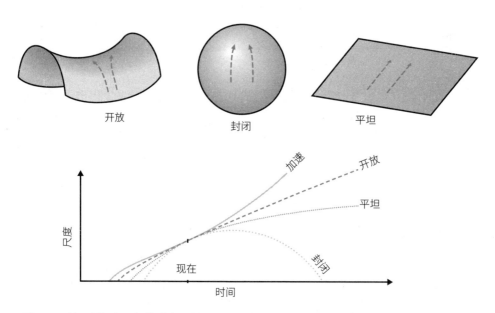

图10 开放、封闭和平坦的宇宙及其随时间的演变。该图显示了三种不同宇宙模型的空间形状。在一个开放的宇宙中，平行射出的光束随着时间的推移彼此远离；在一个封闭的宇宙中，它们会彼此靠近；在一个平坦的宇宙中，它们保持平行。如图所示，不同的几何形状对应于宇宙的不同命运。在封闭的情况下，引力足以导致宇宙重新坍缩；在开放的情况下，膨胀胜出，宇宙永远膨胀；一个完美平衡的平坦宇宙将继续扩张，但其扩张速度始终在减缓。然而，如果一个宇宙含有暗能量，它的膨胀有可能加速（而空间的几何形状仍然是平坦的）。

用巨大的激光束。）一个注定要发生大坍缩的宇宙被称为"封闭"的宇宙，因为两道平行射出的激光束最终会向对方弯曲，就和地球上的经线一样。各类宇宙对应的情况是：在一个封闭的宇宙中物质多到足以让所有的空间都向内弯曲；一个完美平衡的宇宙是"平坦"的，平行射出的光束将永远保持平行，就像两根平行线在一张铺平的纸上保持平行一样；一个膨胀远远大于引力的宇宙被称为"开放"的宇宙，在这里，正如你可能已经猜到的那样，两道激光束会随着时间的推移而相互远离。这里的二维表面的形状类似于马鞍：你试试在马鞍上画两条平行线（如果手头没有马鞍，你可以用薯片），它们会彼此越来越远。这些形状代表了宇宙的"大尺度曲率"，即空间整体上被其中的物质和能量扭曲（或不扭曲）的程度。

所有这些可能性的第一个共同点是，它们在物理学方面都解释得通。它们都很符合爱因斯坦引力方程的推导结果。第二个共同点是，对这些宇宙模型来说，现今的膨胀都正在减缓。在开展超新星测量的时候，我们并不知晓有什么合理的物理机制能使宇宙重新加速膨胀。那就像你把一个球扔到空中，它慢了一点，然后突然无缘无故地飞向太空一样奇怪。这确实很奇怪，只不过对整个宇宙来说却不然。

测量结果被反复检查，但它们始终迫使物理学家得出相同的结论：膨胀正在加速。

这是个绝望的时代，需要用上极端的手段。事实上，天文学家绝望到援引了一个巨大的宇宙能量场的存在。该能量场可以使空无一物的真空本身具有向所有方向外推的内在力量。这是时空不曾被发现的一种属性，即宇宙常数，它将使宇宙凭借一个永远存在、永远不会耗尽的能量源，永远自发地膨胀下去。

✺ 不太空的空间

与大多数对物理学根基的重大修订不同，宇宙常数根本不是一个新理念。事实上，它最初是爱因斯坦的想法[①]，而且很好地融入了他关于宇宙演化的引力方程。然而，它建立在一个严重错误的概念上，按理说，它当初就不应该被写下来。

爱因斯坦的初衷是好的。宇宙常数存在的目的是使宇宙免于灾难性的崩溃。或者更准确地说，是拯救宇宙于已然灾难性的崩溃。作为引力相关问题的专家，爱因斯坦知道，所有已获知的数据都指向一个令人不安的结论，即宇宙早就应该已经被引力摧毁了。那是1917年，在大爆炸理论被广泛接受之前半个世纪，当时人们大多数仍然认为宇宙是静止不变的。恒星有生死，物质的分布可以轻微改变，但空间就是空间，它只是一个背景，供其他事情在其中上演。因此，当爱因斯坦看到夜空中仿佛一动不动的星星时，他知道宇宙有麻烦了。他想，这些恒星中的每一颗都应该正在吸引其他每一颗恒星，并随着时间的推移慢慢相互靠拢。虽然太远的恒星不会产生什么明显的效果，但引力是一种作用距离无限远的纯粹吸引力。（应该指出的是，那个时候还没有确知其他星系的存在，否则他就会把这个论点应用于星系。那样的话问题还是一样的。）在一个不变的宇宙中，你绝不可能凭借遥远的距离而免受某个物体的引力，而且在某种程度上，这种引力应该随着时间的推移

[①]　尽管我们这些其余的物理学家可能会觉得承认此事令人沮丧，但他确实有很多相当好的想法。

把你们带到一起。爱因斯坦自己的计算表明，任何由大质量物体构成的宇宙都应该已经自我崩溃了。宇宙的存在本身就是一件矛盾的事情。

显然，这看起来很糟糕。幸运的是，爱因斯坦在他的广义相对论中找到了为了拯救宇宙而进行细微调整的地方。空间中的任何物体都无法对抗恒星的引力，但也许空间本身可以做到这一点。爱因斯坦已经编写了一个优美的方程式，用于描述空间的形状在宇宙中所有物质的引力作用下会有何变化。要确保引力不会立刻使空间坍缩，他所要做的就是承认他的方程尚不完整，然后给它添加一个项，令其可以拉伸有引力物体之间的空间，完美地平衡引力导致的收缩。这个项并不代表宇宙的一个新组成部分，而是空间本身的一个属性，即每一块空间都有一种排斥性能量。当你有大量的空间而没有多少物质（比如在恒星或星系之间的空间）时，这种排斥性能量就可以抵消引力的吸引。

成功了！方程解决了问题。它利索地描述了一个静态的宇宙，其中其他恒星或星系的存在并不会立即使整个宇宙崩溃。爱因斯坦再次大获成功。

唯一的问题是：宇宙并不是静止的。几年后，当天空中以前被称为"旋涡星云"的模糊污点被发现其实是其他星系时，此事对天文界来说已经显而易见了。不久之后，哈勃利用这些星系的红移证明了宇宙实际上正在膨胀。一个只有引力的静态宇宙是注定要失败的，而一个正在膨胀的宇宙却可以得到拯救，至少是暂时得救，拯救它的就是其自身的膨胀。引力也许会减缓膨胀，最终还可能将其扭转过来，但凭着一开始的爆发式增长和膨胀的持续影响，宇宙可以安然地度过亿万年的时间。（膨胀如何开始完全是另外一码事，但是具体说到这个问题，我们所需要的只不过是让宇宙不要彻底陷于注定完蛋的悲惨命运，而宇宙常数或膨胀可以满足这一点。）

宇宙膨胀的发现意味着一个全新的宇宙观，对爱因斯坦来说也意味着有点儿尴尬。他不太情愿地从他的方程中删除了宇宙常数项，转而去尝试革新基础物理学的其他领域。就这样，宇宙的演化有了合理的解释，直到1998年的超新星测量再次把一切弄得一团糟。加速膨胀意味着宇宙常数不得不官复原职，唯一的幸运是，那时爱因斯坦再也说不出那句"我早就告诉过你们"了。

一个宇宙常数允许宇宙在膨胀中加速，并不意味着它被广泛认为是一个明智而合理的解决方案①。从理论的角度来讲，宇宙常数的取值根本得不到任何解释。除了作为方程中一个顺手而可疑的修正，它还有什么存在的理由呢？如果我们必须有一个宇宙常数，为什么不给它一个更大的值？如果宇宙要有一个宇宙常数，最合乎逻辑的自然原因之一，就是这个常数来自宇宙的"真空能量"——真空中蕴含的能量，用于解释可以在量子涨落中凭空出现又消失的虚粒子那样的奇怪东西。但是经过计算，我们发现量子场理论所需的真空能量似乎要比太空中实际存在的宇宙常数大120个数量级。如果你不熟悉这个术语，可以这样理解：差一个数量级就是差10倍，两个数量级是100倍，120个数量级是10的120次方。哪怕在天体物理学这个我们对待数字有时态度很粗放的领域，这个差异看起来也太大了。那么，如果宇宙常数不是量子场论专家所熟知和喜爱的真空能量，那它是什么呢？

对这个"宇宙常数问题"，人们提出的一种解决方案涉及这样一个假设：该常数在我们的可观测宇宙中是很小的，但在很远的地方也许有其他值，而

---

① 能够拯救宇宙都得不到认可，你该知道这一行的门槛有多高了。

我们身在哪里只是一个随机问题。（或者，假如宇宙常数迥异的取值会以某种方式危害生命和智慧的发展，比如也许因为空间扩展得太快令星系无法形成，那就不是随机了，而是必然。）还有一种可能性是，它根本不是一个宇宙常数，而是宇宙中某种很像是宇宙常数的新能量场，可能会随着时间的推移而改变。在这种情况下，有可能它是出于其他原因而演变为现在的样子。

因为我们不知道它到底是不是一个宇宙常数，所以我们通常把任何可能使宇宙加速膨胀的假设现象称为暗能量。再抛出一些术语，一种不断演化的（也就是并非恒定的）暗能量通常被称为"第五元素"——一种在中世纪流行于哲学界的神秘事物。现在也没有更加精确的定义了。第五元素假说的一个好处是，它可以引导我们找到一个与时间之初的宇宙膨胀有些相似的理论。我们知道，导致宇宙膨胀的原因最终消失了，所以也许从那时起，一个类似的导致加速膨胀的场便展开了，导致了我们今天看到的加速。

第五元素假说的一个缺点是，从理论上讲，随时间变化的暗能量有可能会粗暴地摧毁宇宙。例如，如果加速膨胀的因素现在掉转方向，它可能会导致宇宙停止并重新坍缩，最终把我们引向大坍缩。幸运的是，这看起来非常不可能，尽管我们还不能完全排除它。

不管怎样，根据目前的观察，似乎暗能量看起来确实是一个宇宙常数，一个不变的时空属性，只是最近（也就是刚刚过去的几十亿年）才开始主导宇宙的演变。在早期，当宇宙更加紧凑时，没有足够的空间让宇宙常数（它是空间的一个属性）发挥很大的作用，所以当时膨胀速度是在减缓的，就像我们预期的那样。但是在大约50亿年前，由于普通的宇宙膨胀，物质变得非常分散，固有的宇宙常数引起的空间伸展性开始变得非常明显。我们现在可以测量遥远之处在膨胀开始加速之前就已经爆炸的超新星的运动，这意味着我们可以推测出宇宙何时减速，以及差不多何时过渡到加速。暗能量也许仍然是一个动态的新领域，但到目前为止，它作为一个宇宙常数与数据完全吻合。

如果我们顺着这条思路推导出它在未来的后果，其实是有点讽刺的。因为现在看来，爱因斯坦用来拯救宇宙的常数项却道出了宇宙必死的命运。

✸ 无止境的宇宙跑步机

由宇宙结构引起的末日是缓慢而痛苦的，其特点是日益加深的孤立、不可阻挡的衰败，以及在漫长岁月中逐步吞噬一切的黑暗。在某种意义上，它并不是终结宇宙，而是终结了宇宙中的一切，令其归于虚无。

宇宙常数毁灭宇宙的原因是：一旦开始，加速的膨胀就永远不会停止。

今天的可观测宇宙可能比你想象的要大。"可观测"指的是我们的粒子视界内的区域。我们对粒子视界的定义是，考虑到光速和宇宙年龄的限制，我们可能看到的最远距离。由于光的传播需要时间，而且从我们的角度来看，越远的物体存在于越久的过去，所以肯定有一个距离对应着时间本身的开端。如果一束光在时间之初从某个位置出发，它将需要耗费和宇宙年龄同样久的时间才能抵达我们这里。这就定义了粒子视界，它是我们能够观测到的最远距离，哪怕在原则上也是如此。知道了宇宙大约有138亿年的历史后，逻辑会让你认为，粒子视界肯定是一个半径为138亿光年的球体。但这是基于静态宇宙的假设得到的结果。实际上，由于宇宙一直在膨胀，一些在138

亿年前刚好接近到可以向我们发出光的物体现在距离我们已经远得多了——大约450亿光年。因此，我们可以把可观测宇宙定义为以我们为中心、半径约为450亿光年的球体[①]。

我们能看到的最接近"边缘"的事物是宇宙微波背景辐射，它的光差不多就来自粒子视界那么远的地方。但在离我们更近一点的地方，我们也可以看到现在已经位于300亿光年以外的古老星系。不过，我们看到的从这些星系发出的光，在飞越如此不可思议的距离之前很久就已经开始在宇宙中传播了。否则，我们根本无法看到它们，因为现在[②]来自它们的光永远无法到达我们这里。原来，在一个均匀膨胀的宇宙中，越远的东西远离得越快，于是不可避免地有这样一个距离，在其之外的物体的表观远离速度要比光速快，所以光也望尘莫及了。

"等等！"你可能会说，"没有东西能够超过光速！"这话说得很有道理，但其实它并没有导致矛盾的出现。虽然没有什么东西能够快过光穿越空间的速度，但是对于两个在空间中一动不动，而两者之间的空间却在逐渐变大的物体，没有任何规则能限制它们相互远离的速度能有多快。

考虑到我们实际能看到的距离，目前正在比光速更快地远离我们的星系离我们近得令人惊讶。我们称之为哈勃半径，大约有140亿光年。我在第3章中提到过，我们可以用红移系数，即物体发出的光由于宇宙膨胀向光谱的红色（低频/长波长）部分偏移的程度，来标记物体的距离。一个处于哈

---

① 假如你身在宇宙另外一个区域的某个星系中，你也可以把你的可观测宇宙定义为一个半径约为450亿光年的球体，而球心还是你自己的位置。可观测宇宙是一个主观的、真正以自我为中心的概念。
② 关于在这种情况下所谓"现在"有多么难以定义，参见第 2 章。

勃半径之外的物体会有一个大约1.5倍的红移值，这意味着在光被发出之后，光波和宇宙本身已经延伸到其原来长度的2.5倍[1]。但是就连这个绝对无法想象的距离，从宇宙学的角度来说，也只是近在咫尺。我们已经观测到过红移值接近4的个别超新星。目前，我们观测到的最远的星系红移值约为11，而宇宙微波背景辐射的红移值约为1100。

那么，对于那些正在超光速远离我们（事实上向来如此）的遥远物体，我们是如何看到的呢？如果某个东西以超过光速的速度远离我们，那么从它身上发出的光就会离我们越来越远，而不是越来越近。关键在于，我们接收到的光在很久以前就离开了光源，那时候宇宙还比较小，而且膨胀速度实际上在减慢。因此，一开始被空间膨胀带离我们的光（尽管它是朝我们的方向发射的）最终能够随着膨胀的减缓而"追上来"，它到达了宇宙中一个离我们足够近而远离速度小于光速的区域。它是从外面进入我们的哈勃半径范围的。

想象一下，你站在一个很长的跑步机中间。这个跑步机传送带的速度比你能跑出的最高速度还要快。即使以最高速度跑，你也会被带到后方。但是只要你没有被带走太远，而且传送带减速到足够的程度，你最终可以在从跑步机后端掉下去之前追回到原来的位置，并开始向前移动。因此，如果你在一个膨胀速度放缓的宇宙中，随着时间的推移，你将能够看到越来越多的遥远物体，因为来自它们的光线追上了膨胀的脚步。膨胀速度小于光速的"安全区"，也就是哈勃半径范围，会随着时间的推移而增长，并将以前在它之

---

[1]　宇宙的相对尺寸增长系数是1加上红移值，所以位于我们附近，也就是红移值为0之处的东西，是在一个与我们的宇宙大小相同的宇宙中的。

外的物体容纳进来。我们的视野①，可以说是在扩大。

　　然而，暗能量毁掉了一切。由于暗能量的存在，膨胀不再放缓——事实上，在过去的大约90亿年里，它一直在加速。虽然哈勃半径严格来讲仍然在增长，但它增长得太慢了，以至于膨胀正在将以前可见的物体拉到哈勃半径范围的外面（图11）。如果一个非常远的物体发出的光在膨胀加速开始之前进入了我们的哈勃半径范围，我们就可以看到它，但是如果一个物体现在发出的光不在"安全区"内，我们就永远看不到它了（之后我们会进一步探讨这一点）。

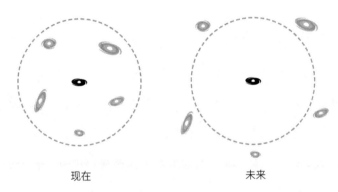

现在　　　　　　　　　未来

图11　现在和未来的哈勃半径。随着宇宙膨胀的加速，目前在我们的哈勃半径范围之内的星系将走出它的范围。最终，我们本星系群以外的星系将不可见。

　　即便没有暗能量这一复杂因素，膨胀的宇宙也是一个很难掰开揉碎②弄清楚的东西。

①　哈勃半径严格来说并不是物理学意义上的视野，粒子视界才是。后者是一个极限，我们不可能获得这个极限之外的任何信息。哈勃半径只是当前膨胀速度为光速的区域的半径，但它随着时间的推移而变化，而且正如我们刚刚讨论的那样，物体可以越过它。人们有时称它为视野，但是如果你使用这个术语，许多宇宙学家会非常生气。
②　当然不是真的要"掰开揉碎"。那样既做不到，也不可取。

宇宙正在膨胀的事实意味着过去的它比现在的小。很好。

过去的宇宙比现在的小这一事实意味着现在离我们很远的东西在过去离我们比较近。好的。

这又进一步意味着，一个我们目前能看到的非常远的星系，在数十亿年前算是在附近。没错。

很久以前，那个星系射出了一束光，尽管是对着我们的方向，但那束光原本却是直接远离我们的。不过，从我们的角度来看，这束光后来仿佛停了下来，掉转方向，现在刚刚到达我们这里。没问题，从某个角度来看，这大概也说得通。

但是还有更奇怪的事情呢。

很抱歉，这几段的行文风格显得有点激动。真的很抱歉。但我不打算粉饰这个问题。宇宙是非常奇怪的，哈勃半径和可观测宇宙的概念是其中一个重要因素，造成了一些非常奇怪的事情。现在我要告诉你在宇宙学中我所知道的最令人震惊的怪事之一。你知道一个东西离得远时，看起来就会变小吗？这再正常不过了。东西离得越远，看起来就越小。从飞机上看去，地面上的人十分微小，而遥远的建筑物可以用拇指遮住。每个人都知道这一点。

在宇宙中也是如此吗？不尽然。

当然，在一定范围内，越遥远的物体看起来越小。太阳和月亮在我们看来是一样大的，因为太阳虽然大得多，但也远得多。而在以百万光年计的广阔空间里，越是遥远的星系，看起来就越小，如你所料。然而，到了哈勃半径附近，这种关系就发生了逆转。在这个距离之外，东西越远，它看起来就越大！当然，这给我们天文学家提供了巨大的便利，因为我们借此看到离我们极远的星系的结构和细节，而在一个合理的宇宙中，那些星系看起来应该就像无限小的点。但是，如果我们对此思量得太多，那么这在几何学上似乎还是完全说不通的。

这种逆转的原因与我们能看到目前以超光速远离我们的东西有关。当初发出光的时候，它们离我们更近，在我们的天空中占据着更大面积。尽管它们现在已经离我们非常远了，但它们发给我们的"快照"一直在旅行，现在刚刚到达我们这里，向我们展示了一个近得多的物体的幻象。而且你越是向过去回溯，宇宙就越小。因此，在某个时间点，"宇宙在过去更小"和"光需要一定的时间才能到达这里"两个因素之间的平衡是这样的：现在比另一个星系离我们更遥远的星系，在它的光被发出时可能实际上离我们更近（图12）。

你瞧，我警告过你这会很奇怪。

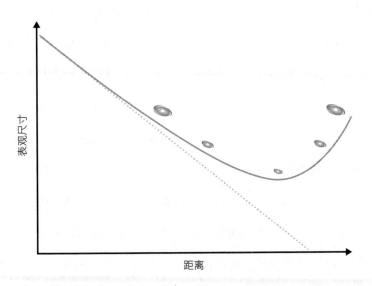

图12 遥远星系的表观尺寸（假设实际尺寸相同）与它和我们之间距离的关系。在一定的距离内，远处的星系会显得比较小，但是到了某个距离，这种关系会逆转，更远的星系在天空中会显得更大。虚线表示在静态的宇宙中，表观尺寸与距离的关系。

总之，如果这一切让你深感困惑和匪夷所思，那完全没有问题，很正常。也许你可以试着在餐巾纸上画一些草图，然后把餐巾纸朝各个方向拉扯，同时在某种无限长的跑步机上以极快的速度跑个几十亿年，希望到时候能理清思绪。另外，我们应该再说一说这一切对于未来生存意味着什么。因为前景真的不妙。

✸ 黑夜渐临

"暗能量毁掉一切"的断言并非言过其实。矛盾的是，在一个加速膨胀的宇宙中，事物能够对其他事物施加影响的范围正在缩小。我们终将失去那些被宇宙膨胀拖出哈勃半径范围的遥远星系。那些其古老过往能被现在的我们看到的星系将慢慢地消逝在黑暗中，就像褪色的老照片。在我们自己这片区域，在银河系和仙女星系合并之后，我们这个小小的本星系群将在黑暗和渐熄的原初光的包围中日益孤立。在整个宇宙中，其他星系群和星系团都会在我们看不到的地方合并成巨大的椭圆星系团，在最初的剧烈碰撞中迸发出耀眼的光辉，但终将黯然失色，化为灰烬，其光芒将永远无法走出它们那一小片不断膨胀、逐渐空旷的空间。

最终，每一个新生却已垂死的超级星系都将彻底陷入孤独。没有任何东西会再次接近它们，为它们补充用来点亮新星的燃料。已经在发光的恒星将燃烧殆尽，作为超新星爆炸，或者更常见的情况是，剥去外层，留下一具缓慢燃烧的遗体，在几十亿乃至上万亿年的漫长岁月里慢慢冷却。黑洞会成长一段时间。一些黑洞会吞下星系中宝贵的死亡恒星残骸，另一些黑洞则会因为没有新物质接近到足以被其吞噬而停止成长。

当星星都消逝在黑暗中时，宇宙便会迎来最终的衰败。

黑洞开始蒸发。

人们最初认为，黑洞是永生不朽的——能够通过吞噬其他物质而成长，但不会失去任何质量。一个连光都无法逃脱的东西被定义为单向的无底洞，这是很合理的。然而，斯蒂芬·霍金在20世纪70年代计算出，黑洞事件视界上的量子效应会导致它发出微弱的光。这种光会带走能量，或者说是质量，黑洞会缩小。这个过程一开始很慢，然后越来越快，发出的光也会越来越亮、越来越热，直到最后黑洞在爆炸中消失。即便是星系中心的超大质量黑洞，坐拥相当于几百万甚至几十亿个太阳的质量，也终将暗淡和消失。

普通物质（构成恒星、行星、气体和尘埃的东西）也将遭受类似的命运，只是没有那么剧烈。

众所周知，大多数物质粒子在某种程度上是不稳定的。如果搁置足够长的时间，它们就会衰变成其他粒子，并在这个过程中损失质量和能量。例如，一个中子最终会衰变成一个质子、一个电子和一个反中微子。虽然我们从未在实验中看到过质子衰变，但我们有理由相信，如果愿意等待大约10^{33}年，那么这也会发生。到了那个时候，哪怕是自大爆炸以来便一直稳居数量榜首的氢原子也将不复存在。

在以宇宙常数形式存在的暗能量的支配下，宇宙的遥远未来是黑暗、孤立、空虚和衰亡。但是这种缓慢的衰败只是一个序曲，引出的将是最终的结局：热寂。

对于宇宙的一种比创世史上任何时期都更冷、更黑暗的状态，"热寂"

这个名称也许听起来有些用词不当。但是在这里，"热"这个字眼是一个技术性的物理学术语，不是指温度，而是指粒子或能量的无序运动。另外，这个词不是在说热陷入了死寂，而是说由热造成的死寂。具体来说，是无序的状态杀死了我们。这就是为什么我们需要花点时间来谈论熵。

熵也许是整个科学领域中最重要、最通用但又十分晦涩的话题之一。它无处不在，不仅出现在研究从气球到黑洞等各种事物的物理学中，也出现在计算机科学、统计学甚至经济学和神经科学中。熵通常是用无序来解释的。一个系统越无序，其熵就越高。一堆拼图的碎片比一幅完整的拼图有更高的熵，一个炒蛋比一个完整的蛋有更高的熵。在"无序"不是一个明显属性的情况下，你可以把熵看作对系统元素的自由度或不受约束程度的衡量。具体来说，一幅完整的拼图具有较低的熵，是因为所有的碎片只有一种排列方式可以使拼图完整，而一堆碎片可以处于许多分布方式中的任意一种。

尽管在这些例子中不是很明显，但更高的熵也与更高的温度有关。想想一块冰和一团蒸汽之间的区别，你就能明白怎么回事了。为了构成冰，水分子必须排列在一个晶体结构中，而蒸汽中的分子可以在三维空间中自由移动。但是，哪怕只是将蒸汽冷却一点，也会减少它的熵，因为粒子的运动减少了，它们更受约束，或者说不再那么无序。

从宇宙的角度来看，熵的重要之处在于，随着时间的推移，熵会上升。热力学第二定律[1]指出，在任何孤立的系统中，总熵只能增加，不能减少。

---

[1] 其他热力学定律就没那么令人激动了，不过它们的序号是从零开始的，确实有些奇怪。简而言之，它们是：第零定律——如果一个物体与另一个物体处于热平衡状态，而第三个物体又与第一个处于热平衡状态，那么它们两两之间都是热平衡的；第一定律——能量是守恒的，永动机是不可能的（抱歉）；第三定律——当某物的温度接近绝对零度时，它的熵接近一个恒定值。

换句话说，秩序不会凭空出现，如果你把某样东西搁置足够长的时间，它将不可避免地衰退为无序状态。任何试图保持办公桌整洁的人都会理解这一点，这是宇宙中最直观也最令人抓狂的自然法则。

宇宙本身是否算作一个孤立的系统，也许还可以再探讨一下，但是如果把它当作一个孤立的系统，我们就会得出这样的结论：宇宙的未来就是不可避免、逐步恶化的混乱和衰败。事实上，由于认识到热力学第二定律的不可避免和基本地位，人们把时间本身的流逝也归因于它。

物理学定律通常不考虑时间的方向。在大多数情况下，将方程中的时间掉转方向，对物理学来说没有任何区别。物理学中唯一看起来十分关心时间走向的部分是熵。事实上，我们能够记住过去而不是未来的唯一原因可能是："事情只能变得更糟"是一个普遍的真理，以至于它塑造了我们所知的现实。

"但是等一下！"你可能会说，"我完成了拼图！我创造了秩序！我是不是刚刚逆转了时间的箭头？！"

并非如此。拼图不是一个孤立的系统，你也不是。从技术上讲，任何局部的熵增都可以通过足够的努力来逆转。尽管异常艰难，但是如果投入足够的时间和一些复杂得令人难以置信的实验室设备，你也有可能让一枚熟鸡蛋返生。但是，总的熵总是会增加的。在拼图的例子里，你把碎片拼在一起的努力需要消耗能量，这意味着你正在分解食物中的化学物质，并向周围的环境释放热量和废物（比如你所熟悉的二氧化碳）。这使房间变热，产生废物微粒，还可能在你拼的时候把你的衬衫弄皱。我不知道能令熟鸡蛋返生的机器会对周围环境造成什么影响，但我非常肯定，当它运行时，我不想和它一起待在封闭的房间里。

顺便说一下，这就是为什么开着冰箱门最终会使整个厨房更热，以及为什么空调会促进全球变暖。每一次让世界的某些部分屈从于我们的意志的尝试都会在其他地方造成混乱，并且往往是以热的形式。

尽管这在鸡蛋、冰箱和空调方面有着有趣的应用，但当我们把黑洞也考虑进来时，一切就变得更加奇怪了。

早在20世纪70年代，物理学家就一直在讨论熵，以及整个宇宙的熵是如何随着时间的推移而增加的，还有这可能带来的影响。与此同时，年轻的、还不太出名的斯蒂芬·霍金和更年轻的博士后研究员雅各布·贝肯斯坦正在思考黑洞，想知道这些万物无法逃脱的古怪时空垃圾处理站有没有可能对热力学第二定律造成严重破坏。例如，如果你用你的熟鸡蛋返生机器把熟鸡蛋返生，然后把这枚鸡蛋装进口袋，同时把整个乱糟糟、热乎乎的返生实验室扔进最近的黑洞，会怎么样？你是否会通过把熟鸡蛋返生并除掉你在此过程中创造的所有熵而减少宇宙的整体熵？毕竟，黑洞被定义为连光都无法逃脱的东西，是一个质量巨大而致密的物体。它的引力会把射出的光拉回来，送回中心奇点。任何东西（光、信息、热量等）一旦越过黑洞的事件视界（引力的不归点），就无法逃脱。把熵藏在黑洞的事件视界后面会不会是完美的犯罪？

不管你想打破物理学的哪个部分，都不要和热力学第二定律较劲。对黑洞的熵问题的解决，结果是改变了我们自以为对黑洞的一切认知，而对熵的认知却毫发无伤。你不能把熵藏在黑洞里，因为它本身就有熵。这意味着它有一个温度（它们产生热量），也就是说，它根本就不是"黑"的。

贝肯斯坦和霍金最终对黑洞得出的结论是，黑洞必须有一个与之相关的熵，才能与热力学第二定律和谐相处。由于每次吞下东西时，它的熵都会增加，因此有理由说，熵与黑洞本身的大小有关，具体来说，是与事件视界的总表面积有关。把一台冰箱扔进黑洞，黑洞的总质量就会因为冰箱的质量而增加，这就增加了事件视界的大小，从而增加了表面积[①]。

没有温度就不可能有熵，这一事实意味着黑洞必须放射出一些东西（具体来说就是粒子和辐射）。而它们唯一有可能有所放射的位置是在事件视界处或事件视界外，因为任何东西一旦进去了，还是不能指望它会出来的。因此，那个地方一定发生着某种奇怪的事情。

幸运的是，每当我们在物理学中需要奇怪的东西，我们总是可以指望量子物理学来给我们提供一些好货。在这个问题中，霍金利用了量子力学中奇怪的虚粒子（一对分别带正能量和负能量[②]的粒子，从真空中突然凭空地出现再消失）。我们认为，这种时空爆米花现象时时处处都在发生着，但一般不会对任何事物造成任何影响，因为两个粒子出现后会立即相互湮灭，重归虚无。但是，霍金说，在黑洞附近，你可能会遇到这样的情况：负能量的虚粒子落进了事件视界，留下正能量的虚粒子孤苦伶仃地变成了真实的粒子并游荡而去。黑洞的质量会减少一点，因为它吸收了那点负能量，而等量的正能量会从黑洞的事件视界辐射出来。因为这些虚粒子在太空中每时每刻都出现在任何地方，所以一个黑洞只要没有主动从环境中拉入物质，便应该一直在通过这种蒸发过程逐渐失去质量。

这听起来可能很复杂，但上文描述的这幅图景已然是经过极大简化了

---

① 这不是一个有形的表面，而是空间中由黑洞中心和史瓦西半径定义的一个球体。史瓦西半径就是指从奇点到事件视界的距离，与黑洞的质量直接相关。

② 真实的粒子不可能有负能量，但这些是虚粒子，一种完全不同的物质。不要将它们与电子等带负电的粒子相混淆。

的，也就是说仅仅把握基本的想法，而不需要太在意技术细节，这也是人们一直采用的解释。但是，它从未让我感到特别满意，因为它似乎要求负能量粒子优先落向黑洞，而正能量粒子则远离黑洞，并带着足以逃脱的能量。原来，尽管霍金面向大众读者时用的是这些术语，但他从未真正希望人们从字面上理解这种解释，而真正的解释需要计算波函数和波在黑洞附近经历的散射。如果不展开大量的数学和物理学阐述，我无法真正深入探讨这个问题，而要掌握所需的数学和物理学知识，大概需要在两到三个学期里每周去听课。但我还是要向你讲述它，因为如果它曾经困扰我，它可能也正在困扰着你，而且我想向你保证，尽管通俗的类比并不完善，但是如果你使用广义相对论和量子场理论进行严格的计算，就可以推导出合理的解释。

插入上面这些内容是为了说明，我们有把握假设，当热寂来临时，黑洞确实会蒸发掉，只留下些许辐射在越来越空的宇宙中扩散开来。我希望这能有所帮助。

另外，除了最终毁灭所有黑洞之外，事件视界辐射能量及表示其所包含事物的熵的能力，实际上也是热寂的一个重要部分。因为我们的可观测宇宙也有一个事件视界，而我们就身处其中。

❈ 最大熵

受宇宙常数掌控的宇宙将不可阻挡地朝着黑暗和虚空演变。随着膨胀的加速，空无一物的空间越来越大，因此有更多的暗能量，导致更快的膨胀，无止无休。最终，当恒星火尽灰冷，粒子衰变，黑洞全部蒸发时，宇宙基本上只剩下以指数形式膨胀的真空，里面只有一个宇宙常数。我们把它称为德西特空间，它的演变方式与我们认为的早期宇宙在暴胀期间的演变方式相同。只不过，暴胀最终停止了。如果暗能量确实是一个宇宙常数，那么膨胀就不可能停止，而是会以指数形式持续膨胀，直到永远。

那么，如果这样的宇宙只是不断膨胀，它还会有一个真正的终点吗？为了回答这个问题，我们必须更加深入地研究熵和时间之箭。

每当一颗恒星耗尽生命、一颗粒子衰变或一个黑洞蒸发时，都会将更多的物质转化为自由辐射。这些辐射以热的形式在宇宙中传播，而所谓热就是纯粹的无序能量。将某样东西化作热辐射会将其熵增长到最大，因为这样对能量的流动就没有限制了。随着宇宙变得更加空旷，辐射变得更加稀薄（图13），你也许会认为总熵应该随着温度的下降而减少。然而，并不是那么回事。

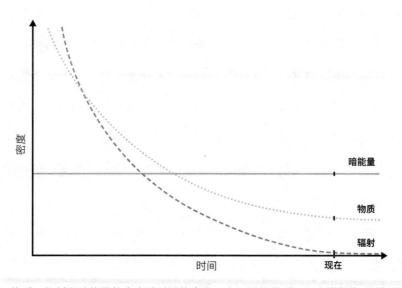

图13　物质、辐射和暗能量的密度随时间的变化。由于暗能量（以宇宙常数的形式）的密度不会随着宇宙的膨胀而改变，而其他的东西都会稀释，因此它将会主导宇宙的能量密度。如今，暗能量约占宇宙的70%，而物质约占30%，辐射只占极少量。

93

它的运作方式是这样的：当宇宙发展到稳定的指数膨胀状态时，你可以定义一个半径（无论你在哪里），宇宙在这个半径以外的其他部分永远隐藏起来了。这是一个真正的事件视界，因为在它之外的任何东西都无法到达你那里。事实证明，这个事件视界就和黑洞的事件视界一样，也有一个与之相关的熵，因此也有一个温度。不同的是，热并不是像黑洞那样流出去，而是流进来。这里的温度非常低，大约比绝对零度高 10^{-40} 度，但是当其他一切都已经衰变后，这些许的辐射便包含了宇宙所有熵。等到宇宙达到这种纯粹的德西特状态时，它就是一个最大熵宇宙。从那时起，宇宙的总熵不会再增加。这意味着，在一种非常真实的意义上，时间之箭已经消失了。

我应该在此重申，对宇宙的运行而言，时间之箭和热力学第二定律有着不可或缺的地位，如果熵无法增加，就不会发生任何事情：任何有组织的结构都不可能存在，任何演化都不可能进行，任何有意义的过程都不可能出现。任何真正发生的事情的一个必要条件是，能量从一个地方转移到另一个地方。如果熵不能增加，那么能量就会从一个地方流向另一个地方并立即回流，抹去任何可能只是碰巧发生的事情。能量梯度是生命的基础，也是任何其他结构或者执行任何种类工作的机器的基础。能量梯度不可能存在于一个仅仅是巨大（但非常冷的）热量池的宇宙。热没有用处。热就是死亡。

这里有一些值得说明的事项。

而且要明确的是，这些事项不是"这里有个技术上的小细节"那种，而是"我的天哪，这改变了一切"那种。

这一次，古怪源自物理学的一个叫统计力学的分支。当我们需要谈论像温度这样的概念时，我们就会使用到统计力学，因为温度的本质是一个粒子系统中运动的总量，并非费力地单独描述每个粒子的路径。统计力学是热力学第二定律真正发光发热的领域，因为它让你仅用一个重要属性来描述一个大的复杂系统：它的熵。不过，它也带来了某种"出路"。还记得熵只增不降是宇宙一个不可避免的规律吧？这在技术上只适用于足够大尺度上的平均状态。在量子尺度上，甚至在大尺度上——只要你等待的时间足够长，不可预测的波动将不时自发而随机地将系统的某些部分转变到一个较低的熵状态。系统越大，波动搞出什么动静的可能性就越小，但在一个永远在膨胀、只包含一个宇宙常数的宇宙中，有的是用来等待的时间和空间，因此极低概率的事件也可能发生。一条鲸鱼和一盆牵牛花不太可能突然出现在完全空旷的空间，但是原则上，只要等待的时间足够长，这就是有可能发生的。

这一点迟早会派上用场。既然任何东西都能在热寂之后自发地冒出来，那么产生另一个宇宙又有何不可呢？

这个想法并不像听起来那么牵强。统计力学的一个原则是，如果你等待的时间足够长，一个粒子系统所处的任何排列都可能再次发生。假设你有一个盒子，里面装满了随机移动的气体分子，你在某一时刻对它们拍一张快照，标记下它们所处的位置。如果长时间地观察这个盒子，最终你会发现分子又回到了原先记录的位置。某种排列方式出现的可能性越小，需要等待的时间就越长。所以，像所有粒子都蜷缩在盒子的右下角这样罕见的事件，需要更长的时间来复现，但是在原则上，这只是一个时间问题。这就是所谓的"庞加莱回归"。如果你有无限的时间，系统可能出现的任何状态都将再次出现，而且是无限次的，其递归时间由该配置的罕见程度或特殊程度决定。在一个相当引人注目的例子中，物理学家安东尼·阿吉雷、肖恩·卡罗尔和马修·约翰逊曾经计算过，如果你愿意等待宇宙年龄的大约 10^{24} 倍，你就能看到一整架钢琴在一个仿佛空无一物的盒子里自发地出现。

热寂的宇宙本质上是一个庞大、略有温度的盒子，按照统计力学原理发生着随机波动。如果大爆炸是宇宙曾经有过的状态，而热寂后的宇宙是永恒的（失去了时间之箭，过去和未来都毫无意义），那么大爆炸没有理由不能从真空中波动出来，重新开启宇宙。

不过，等一下。下面这个推论比这还要怪异，而且更加个人化。

如果宇宙曾经有过的每一种状态都可以通过随机波动来重温，那就意味着此时此刻可以再次发生，每个细节都一模一样。不仅可以再次发生，而且可以无限次发生。

曾经论述过其所谓德西特平衡状态的宇宙学家安德里亚斯·亚布勒希特对这种可能性特别感兴趣。这种平衡版德西特空间的基本思想是：我们宇宙的起源和在其中发生的一切，都可以被视为从一个只包含宇宙常数、永远在膨胀的宇宙中随机波动的结果。不时会有一个宇宙从热浴中波动出来，进入一个熵非常低的起始状态，然后向前演化（熵不断增加），直到抵达自己的热寂，衰变回德西特宇宙背景。有时，这种波动并没有产生大爆炸，而是仅仅重新创造了上周二——具体地说，就是你的脚趾碰到了厨房的桌子，于是你把一整杯咖啡洒在地板上的那一刻。还有你生活中的其他每一刻。还有其他所有人的。

如果这听起来像是某个依稀耳熟的反乌托邦场景，那可能是因为它与弗里德里希·尼采的一个思想实验惊人地相似。那个噩梦般的思想实验是他在19世纪末首次提出的，在他的《快乐的科学》一书中，他写道：

　　如果在某个白天或晚上，有一个魔鬼在你最孤独的时刻悄然来到你身后，并对你说："你现在正在经历的和已经经历过的这种生活，你将不得不再经历一次，然后是无数次。不会有任何新的东西，只不过你生命中的每一次痛苦和欢乐、每一种思想和每一声叹息，以及一切无法言喻的小事或大事，都必然回归于你，以同样的承继和次序，甚至这只蜘蛛和树间的月光，甚至这一刻和我自己。存在的永恒沙漏被一次又一次地翻转，而你也将随之翻转，你这纤尘！"

　　你会不会扑倒在地，咬牙切齿地咒骂那个说出如此言语的魔鬼？或者你是否经历过某个伟大的时刻，而回答他："你是一个神，我从未听说过比你更加神圣的存在。"如果你被这种想法占据，它将改变你的本性，或许会压垮你。伴随着每一件事情的这个问题，"你是否希望此事再来一次，再来无数次？"会成为最沉重的负担，压制着你的行动。或者说，你必须对自己和生命怀有多好的态度，才能以最大的热情渴盼这最终的永恒的确认和封印？

沉重。

对尼采来说，这个观点的提出与热力学无关，而是为了表达对人类生活的意义、目的和经验的审视。他很可能从来没有想象过，按照德西特平衡假说的推断，这样的情景有可能成为字面意义及物理学意义上的现实。

你可能会争辩说，这些情景不完全是同一件事。重建你碰到脚趾经历的量子波动，可能会产生一个在所有细节上都和你一模一样的事物，但你作为一个实体，在那个时候到来之前就已经死了。但这引出了究竟什么才算是

"你"的问题。你是原子的精确配置，还是说你的意识具备某种不可言喻的持续存在的性质，永远不可能被一点一点地重新拼凑出来？这其实就是那个在科幻迷中引发激烈争论的远程传送问题：是否柯克舰长每次踏入传送器光束时都被残忍地杀害了，并被一个误以为自己是他的复制品所取代？我们不太可能在这里回答这个问题。

但它确实令"量子波动重生"的设想再起波澜——这道波澜与传送器问题的相关程度不亚于它与抹香鲸和牵牛花的关系，这一切都披上了一种量子力学唯心主义的外衣。这就是所谓"玻尔兹曼大脑"的问题。

这个想法是，如果整个宇宙有可能通过量子力学波动从真空中凭空创生，那么仅仅一个星系就更有可能做到这一点，因为一个星系没有那么复杂，需要突然出现的东西更少。而如果说单个星系出现的可能性更大，那么单个太阳系或单个行星出现的可能性也就更大。事实上，甚至比这更有可能的是，从真空中波动出来一个人类的大脑，包含一个人所有记忆的大脑，正在想象它生活在一个功能完备的世界上，此刻正坐在一家咖啡馆里，打出一本关于宇宙终结的书第4章的内容。

玻尔兹曼大脑问题是这样一种论断：这个不幸的大脑，尽管注定要在创生之后几乎立刻随着量子波动归于真空，但其发生的可能性比整个宇宙大得多，如果我们打算用随机波动来构建我们的宇宙，我们就不得不接受我们更可能只是在想象整个宇宙。

这个问题还没有得到解决。亚布勒希特是最早在这一语境中提出玻尔兹曼大脑问题的人之一，但现在他的观点是，德西特宇宙更有可能创造出大爆炸那种熵非常低的状态，而不是什么在重回虚无的边缘岌岌可危的小物件。

他的基本论点是，创造一个低熵状态貌似需要大量的量子波动能量，但实际上只需要从系统中拿出总熵的一小部分。许多宇宙学家采取了相反的思路，认为波动到一个熵相对高的状态比创造一个熵非常非常低的状态要容易。对这个问题的解决可以让我们对整个宇宙起源的一种场景有所把握，也可以让我们安心地面对永远无限次回放我们最尴尬时刻的可能命运。

对一些宇宙学家来说，理解我们如何在早期宇宙中以低熵状态开始，以及一劳永逸地确定我们是否需要担心玻尔兹曼大脑或庞加莱回归，都是动摇我们的宇宙学模型根基的问题。找到一种建立低熵初始状态方法的尝试促使一些人假设了全新的宇宙历史（我们将在第 7 章探讨），然而这个问题距离被解决仍有非常远的距离。而对我们对可观测宇宙的描绘来说，波动的可能性太令人不安了，以至于肖恩·卡罗尔将其描述为"认知上的不稳定"。这并不是说它不可能是真的，而是说如果它是真的，一切就都没有意义了，我们还不如干脆放弃对宇宙的理解。目前，这个问题仍然悬而未决。

如果你不太担心没有身体但有知觉的大脑突然凭空出现和消失的可能性，那么在某种意义上，罕见的随机波动的可能性可以从热寂的虚无主义混乱中生拉硬拽出一些秩序。但即便在这种最乐观的场景中，一个由宇宙常数主宰的宇宙也会毫无疑问地给生活在其中的任何生物安排下必然的灭亡，因为所有连贯的结构都注定要走向黑暗、孤独的空虚和衰亡。在暗能量被发现之前，弗里曼·戴森[①]等物理学家提出了这样的推测：一台计算速度不断减慢的机器可以在未来的宇宙间存在任意长的时间。然而，即便是这种理想的

———

① 你也许从"戴森球"这一科幻概念中见到过戴森的名字。戴森球指的是一种庞大的球壳，建造于恒星周围，以百分之百地捕获其辐射，为一个先进的外星文明提供动力。对戴森球的观测巡视，即在红外线波段寻找预计其发出的废热，到目前为止还没有结果。

机器也会在第二定律的制约下受到熵的侵蚀，并最终在德西特事件视界面前分解为废热。实现最大熵——真正而永恒的热寂——的时间尺度取决于对质子衰变时间的估计，而这仍然是不确定的。不管怎样，在我们和所有其他思维结构失去被忆起的可能性之前，我们可能还有 10^{1000} 年左右的时间。

情况可能更糟。

就暗能量而言，一个友好、稳定、可预测的宇宙常数是一种最好的情况。其他的可能性并没有被排除，其中之一，即幻影暗能量，会导致某种更夸张、更直接，而且在某种意义上更具决定性的东西：大撕裂。

第 5 章

大撕裂

我总是想到，不知哪里有这么条河，水流很快很急。水里有两个人，试图抓住彼此，他们尽量紧紧地抱在一起，但最终还是承受不住。水流真的太湍急。他们不得不松开手，就此分散。

我觉得我们就像这样。

——石黑一雄[1]，《莫失莫忘》

---

① 石黑一雄（Kazuo Ishiguro），日裔英国小说家，2017 年诺贝尔文学奖得主。

　　对一个可以说是宇宙中最重要事物的宇宙现象来说，暗能量的研究难度之大令人惊讶。就我们所知，它在宇宙中无处不在，完全均匀地融于空间本身的结构中。它的唯一作用是拉伸空间，而且因为拉伸得太从容，只在遥远星系之间的广阔区域这样的尺度上才会表现出可探测的影响。对于暗物质，物理学家面临的情况要简单得多——尽管暗物质和暗能量一样不可见，但是通过聚集在我们所见过的几乎每一个星系或星系团周围，它支配着引力场，弯曲光线，从一开始就改变了宇宙历史的进程，因此其存在成为显而易见之事。而暗能量，仅仅是拉伸而已。

　　这倒不至于令我们完全无法研究它。我们对暗能量基本上有两个切入点：宇宙的膨胀历史，以及星系和星系团随时间成长的方式。针对这两个方面，我们都在窥视远方和过去，追踪宇宙随时间的演变。但是无论我们怎么看，我们都是在试图利用微弱的信号和统计数字梳理出细微的影响。

　　尽管这类研究极具挑战性，但还是值得付出努力的，因为暗能量既是宇宙的主要组成部分，也确凿无疑地表明，在我们现有理解之外还有新的物理学领域等待着我们开拓。

　　除此之外，还有一个事实：根据暗能量可能会被揭示出的本质，它也许终将凶暴地摧毁宇宙，比任何人想象的都要快得多。既然有了一个因其突然和猛烈而恰如其分地得名"大撕裂"的暗能量末日，我们何必还要等待热寂的缓慢消亡呢？这种毁灭方式不仅是无法逃脱的（无论是否有量子力学波动），还可能撕裂现实的结构，使宇宙中任何有思想的生物陷于无助的境地，只能眼睁睁地看着自己周围的宇宙被撕成碎屑。

　　这种令人震惊的可能性并不是什么稀奇古怪的边缘想法。事实上，我们所掌握的最好的宇宙学数据并没有将它从宇宙的可能命运中排除，从某些角度来看，反倒还略微倾向于它。因此，有必要花点时间来探索它到底会对我们产生什么影响。

✸ 非宇宙常数

暗能量通常被认为是一个宇宙常数，它拉伸空间，赋予宇宙某种固有的膨胀倾向，从而加速宇宙膨胀。在大尺度上，这样的描述相当准确。但是在星系、太阳系内，或者总体上有组织的物质的近旁，宇宙常数没有任何影响。将它理解为一种隔离的力量是更恰当的——如果两个星系已经相距遥远，它们就会愈加远离。随着时间的推移，单个星系、星系团或星系群发现自己越来越孤独，它们的形成速度也比宇宙常数不存在的情况下要慢一些。宇宙常数不能做的是拆散在任何意义上已经是一个连贯结构的东西。因此，由万有引力结合在一起的东西，无法被宇宙常数分开。

宇宙常数这种小小的仁慈（有一说一，它最终还是会摧毁整个宇宙的）的原因在于那个"常"字。如果暗能量是一个宇宙常数，它的决定性特征便是：在空间的任何给定部分，暗能量的密度不会随着时间的推移发生变化，哪怕空间在膨胀。膨胀率不是恒定的，恒定的只是暗能量本身在任何给定体积空间的密度。如果说每一点空间都蕴含着一定量的暗能量，这在某种程度上就有道理了，但仍然超级奇怪，因为这意味着随着空间变大，暗能量的量也要增加，以保持密度不变。这也意味着，如果你在宇宙的任何地方画一个球体，并测量球体内暗能量的量，然后在未来的某个时间做同样的事情，你将总是得到相同的数字，不管在此期间外面的宇宙膨胀了多少。如果你的原始球体包含一个星系团和一定量的暗能量，10亿年后，该区域的暗能量仍然和一开始同样多，所以如果它以前不足以扰乱星系团，那么它在未来也不会。该球体中物质和暗能量之间的平衡不会发生明显的变化，即使宇宙的其他部分仿佛都被不可阻挡地掏空了。

这令人心安。如果你碰巧是宇宙中的一团物质，并且你想形成一个由引力约束的漂亮而稳定的星系，你可以放心，只要你得到了足够的物质来建造一些东西，暗能量就不会破坏所有的辛劳。

除非暗能量是比宇宙常数更强大的东西。

正如我们在上一章所讨论的，宇宙常数只是暗能量的一种可能性。我们对暗能量的真正了解是，它是一种使宇宙更快膨胀的东西。或者，更准确地说，它有负压力。负压力是一个奇怪的概念，因为通常人们认为压力是向外推的东西。但是在爱因斯坦用于思考宇宙的广义相对论中，压力只是另一种能量，就像质量或辐射一样，因此具有引力。而在广义相对论中，万有引力只是空间弯曲的一个结果。

还记得那张保龄球在蹦床上压出来一个凹痕，以此来类比物质对空间曲率影响的图片吗？如果你把广义相对论考虑在内，那么不光是球的质量增大时凹痕会加深，如果球很热或有很高的内部压力，凹痕也会加深。所以，像其他形式的能量一样，压力的作用很像质量。从引力的角度来看，压力会产生拉力。例如，当你计算一团气体的引力效应时，你不仅要考虑它的质量，还要考虑它的压力，两者都有助于气体对它周围的东西产生引力影响。事实上，压力比质量对时空曲率的贡献更大。

这对具有负压力的东西来说意味着什么？如果某种奇怪物质的压力可以是负的，这就意味着，至少在对时空弯曲的影响方面，它可以有效地抵消物质的质量。如果你以宇宙常数的形式写下暗能量的压力和密度，并使用适当的单位，那么压力正好是密度的负值。

我们通常用一个叫状态方程参数的数字来谈论物质的密度和压力之间的关系，并用字母w指代它，等于压力除以能量密度，采用能够使这种对比有意义的单位。在这里，我们对暗能量的状态方程感兴趣，如果有足够的时间，它将成为整个宇宙的状态方程，因为暗能量在膨胀的宇宙中变得越来越重要，而其他一切都在稀释。如果测得的w恰好等于-1，我们就知道压力和密度正好相反，暗能量是一个宇宙常数。由于宇宙常数中的能量密度总是正的，乍一看好像它应该像物质一样，放大减缓宇宙膨胀的引力。但是由于负压力在方程中被赋予了更大的权重，宇宙常数最终所做的就是加速宇宙的膨胀。

至少它是以一种可预测的方式产生这种作用的。一个w=-1的宇宙常数的总能量密度在宇宙膨胀过程中完全不变，不增不减。对具有任何其他w值的暗能量来说，情况就不再是这样了。因此，重要的是要弄清楚我们到底是在应对什么。

在暗能量刚刚被发现后的几年里，人们清楚地意识到有某种因素正在加速宇宙的膨胀，这意味着肯定存在着某种具有负压力的东西。事实证明，任何w值小于-1/3的东西都会给你带来负压力和加速膨胀。但是知道了w的值，我们就能够判断，暗能量是一个真正的宇宙常数（w总是等于-1），还是某种对宇宙的影响可能会随着时间的推移而改变的动态物质。因此，天文学家们开始想方设法准确地确定 w 的值。如果暗能量被证明不是一个宇宙常数，这将表明我们不仅发现了一种作用于宇宙的新物理特性，它还附带着一些"连爱因斯坦都没有预见到"的内容[1]。

这就成了之后几年的主攻方向：测量 w 的值，搞清楚暗能量的情况。人们进行了测量，撰写了论文，绘制了显示哪些 w 值与数据一致的图表。宇宙常数看起来有可能会胜出。

但是在20世纪90年代末和21世纪初，一小群宇宙学家指出，他们的同事们在计算中未经讨论地使用了一个主要假设。那是一个完全合理的假设，因为忽视它就意味着违反某些被长期坚持的理论物理学原理，而这些原理有着谁都不敢触碰的基础性地位。但是这些原理并不是数据所要求的，而且归根结底，作为科学家，我们首先要忠于数据。哪怕这意味着改写了宇宙的命运。

✹ 跳出界限

物理学家罗伯特·考德威尔和他的同事提出的简单问题是：如果 w 小于−1呢？比如，−1.5或−2。在此之前，人们普遍认为这种可能性太离谱，不值得考虑。论文中显示 w 基于数据的"允许"取值空间的图往往在−1处突然中断。轴可能从−1到0，或者从−1到0.5，但−1是一堵硬墙，就像你在猜测一个人的身高时在0处放置一道硬墙一样。

但是，当考德威尔研究这个问题时，所有对 w 的观测都指向−1或者非常

---

[1] 他一定是搞错了什么。

接近-1的值。这表明可能存在低于-1的数值，而这些取值也是数据所允许的，只要有人去验证。这种 w 小于-1的假想暗能量被考德威尔称为"幻影暗能量"[①]（图14），它将与上述重要理论原则（特别是基本就是在说能量流动不能比光快的"主能量条件"）极不一致。这似乎是一个完全合理而适用于宇宙的条件，但它与通常所说的"光（或任何种类的物质）有一个终极速度限制"有微妙的不同，而且它目前与其说是一个被证实的物理学法则，不如说是一个非常好的想法。或许它还有变通的余地？

考德威尔和他的同事们继续推进，根据 w 的全部可能取值计算约束条件。他们不仅发现低于-1的取值与数据完全一致，而且通过简单、直接的

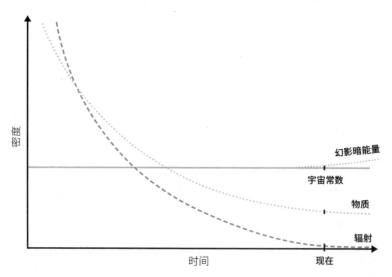

图14 以宇宙常数或幻影暗能量形式存在的暗能量的演变，以及与物质和辐射的演变的对比。宇宙常数在宇宙膨胀过程中保持恒定的密度，而在幻影暗能量的情况下密度会增加。

---

① 在解释1999年第一篇论述这一想法的论文中采用"幻影"一词时，考德威尔写道："幻影是对视觉或其他感官来说很明显但没有实体存在的东西，用它描述一种必然由非正统物理学描述的能量形式是很贴切的。"

计算发现，哪怕 w 仅仅比 -1 低极小的一点，暗能量也将撕裂整个宇宙，而且此事将发生在一个有限的可以计算的时间内。

容我停下来插句话：这篇题为《幻影能量：$w<-1$ 的暗能量导致宇宙末日》的论文绝对是我最喜欢的物理学论文之一。对当前的观点进行一些看起来非常温和的改变，将一个参数向下调整一个微不足道的量，结果发现这将毁灭整个宇宙，这种事情可不会经常碰到。不仅如此，它还提供了一种方法，可以让我们准确地计算出宇宙将如何被摧毁、何时被摧毁，以及当这一切发生时，它将是什么样子。

详情如下。

💥 大撕裂

你可以把它看成是一种解体。

首先崩溃的是最大的、最脆弱的约束。巨大的星系团里，成百上千的星系，成群结队沿着相互纠缠的漫长路径，懒洋洋地围绕着彼此流动。它们开始发现这些路径越来越长。星系已在其间穿行了几百万年乃至几十亿年的广袤空间变得更加宽广，导致边缘的星系慢慢飘移到不断增长的宇宙空洞中。很快，哪怕最密集的星系团也会发现自己不可避免地走向散伙，组成它们的星系不再受到来自中心的拉力。

从我们银河系的视角来看，星系团的消失应该是大撕裂正在进行中的第一个不祥信号。但是由于光速的有限，等到获知此事的线索时，我们已经感觉到了离家更近的影响。随着我们本地的室女座星系团开始消散，它远离银河系的运动不再像之前那么慵懒，而是开始加速。不过这种效果还不算明显，下一个则不然。

我们已经开展了能够测量银河系内数十亿颗恒星位置和运动的天文巡天观测[①]。假设大撕裂临近，我们会注意到银河系边缘的恒星并没有按照预期的轨道运行，而是像晚会结束时的客人一样渐行渐远。不久之后，我们的夜空开始变暗，因为横亘天空的巨大银河正在暗淡。星系正在蒸发。

从这时开始，毁灭的速度加快了。我们开始发现，行星的轨道并不像它们应该的那样，而是在慢慢向外旋转。就在末日来临的几个月前，在外行星离我们而去，进入不断扩大的巨大黑暗之后，地球渐渐远离了太阳，月球也远离了地球。我们也孤独地走向了黑暗。

这种新的孤独带来的平静并不持久。

此时，在内部空间膨胀造成的推力下，任何仍然完好无损的结构都岌岌可危。地球的大气层从顶部开始变得越发稀薄。地球内部的构造运动对不断变化的引力做出混乱的反应。在时间只剩下几个小时的时候，地球无法支撑下去：我们的星球爆炸了。

哪怕是地球的毁灭，原则上也是可以承受的，只要你在解读了那些迹象之后就躲进某种紧凑的太空舱[②]。然而，那也只能延缓片刻。不久之后，维系你身体里原子和分子的电磁力再也无法抵抗所有物质内部不断膨胀的空间。在最后的一瞬间，分子裂开了，任何坚持到那个时刻的思考者都被摧毁，从内部被撕成单个的原子。

---

① 最新的一次被称为"盖亚"，正在生成一幅极其详细的银河系星图，并且已经让我们对宇宙的历史有了惊人的了解。关于我们的命运，它还能提供什么信息，还有待确定。
② 如果危险来自空间本身，你会希望自身所处的建筑包含的空间尽可能小的。

在那之后，不可能再有观察者了，但毁灭仍然在继续。原子核本身，也就是原子中心那团超密集的物质，是下一个被破坏的。黑洞那无法想象的超高密度核心也会惨遭毒手。而在最后一瞬间，空间本身的结构也会被撕开。

不幸的是，我们可能永远无法肯定地排除面临大撕裂的可能性。问题是，一个注定热寂的宇宙和一个走向大撕裂的宇宙之间的区别可能真的是无法测量的。如果暗能量是一个宇宙常数，状态方程参数 w 正好等于 -1，我们就会迎来热寂。如果 w 低于 -1，哪怕仅仅低一百亿亿分之一，暗能量也是幻影暗能量，能够将宇宙撕裂。我们对任何事物的测量都不可能精确到完全没有不确定性，因此我们最好的预期只能是，如果大撕裂真的发生，它将发生在宇宙中所有结构都已经衰变了的遥远未来。因为即使存在幻影暗能量，w 越接近 -1，大撕裂就会被推到更远的未来。上次我根据普朗克卫星 2018 年发布的数据，计算了大撕裂最早可能发生的时间，我得到的结果是再过大约两千亿年（图 15）。

于今之后的时间	事件
≥ 1880 亿年	大撕裂
在大撕裂之前的时间	
20 亿年	星系团消散
1.4 亿年	银河系毁灭
7 个月	太阳系解体
1 小时	地球爆炸
10^{-19} 秒	原子分解

图 15　大撕裂的时刻表（基于目前会导致最坏情况的 w 测量值），根据考德威尔、卡米翁科夫斯基和韦恩伯格在 2003 年发表的结论制作。大撕裂的发生至少是在 1880 亿年之后。该表列出了其他毁灭时刻发生在大撕裂之前大约多久。

谢天谢地。

但是考虑到对宇宙和物理学本身结构的潜在影响，我们天文界的这帮人把搞清楚我们目前处于 $w=-1$ 和暴烈的宇宙末日之间哪个位置的工作放在了相当重要的位置[1]。我们无法直接测量 w，但是我们可以测量宇宙过去的膨胀率，并将其与我们对不同种类的暗能量所做的最佳理论模型进行比较，从而间接地确定它。我们在上一章中略微提过这一点，然而事实证明，哪怕只是确定过去的膨胀率也远比看起来要难得多。原则上，有几种方法可以求得 w，其中一些较为巧妙的方法都不需要计算特定距离的膨胀率。但是了解暗能量最直接的方法就是弄清楚我们的全部膨胀历史。而事实证明，哪怕你做一些像解答"那个星系有多远"这样简单的尝试，宇宙学的所有怪异现象也都会争先恐后地向你扑来。

☀ 通往天堂的阶梯

要想有意义地比较宇宙中远处两个点的局部空间膨胀率，你首先必须知道每个点与我们之间的准确距离。对于地球上的事物，甚至是像月球这样近的天体，此事没有什么大不了的，因为你可以用激光束照射它，并测量激光需要多久返回，由此测出距离[2]。在这样的尺度上，宇宙还是很讲道理的。它

---

[1] 如果你问起来，我的同事会声称他们的真正动机是了解暗能量的性质，因为它能增进我们对基本物理学和我们的宇宙学模型的认识。但我知道真实的原因是恐惧。

[2] 是的，我们就是这么做的。这叫激光测距，而我们能这么做的唯一原因是"阿波罗号"的宇航员在月面留下了一面镜子。那是一个方便的工具，既可以用来测量月球有多远（有趣的事实：它正以接近每年 4 厘米的速度远离地球），也可以让我们通过非常仔细地观察轨道来测量引力的作用。

基本上就像一个不变的空间，从 A 到 B 的距离是可以直接测量的，而且是有意义的，一切运转正常。当涉及太阳系以外的事物时，情况就变得棘手了，这是因为距离越远，测量难度越大，并且随着尺度的增大，膨胀开始改变距离本身的定义。

多年来，天文学家把一套相互依赖又部分重叠的定义和测量距离的方法拼凑在一起。尽管有时看起来还不成熟，但这是几十年来观测天文学和数据分析创新的结果，并为我们提供了一个直观但实施难度高得令人沮丧的策略，即距离阶梯。

假设你需要测量一个大房间的长度，而你手里只有一把普通大小的尺子。如果你不介意在地板上爬来爬去的话，可以一遍遍地把尺子放到地上，直到量完整个房间的长度。或者你可以更有创意一些，测量自己的步长，然后直接走过房间并记录步数。如果你选择了步长法，你就创造了一个距离阶梯：一个用更容易管理的工具来校准你的测量值的远距离测量系统。

在天文学中，距离阶梯由一系列梯级构成，可以延伸到数十亿光年以外的物体（图16）。在太阳系内，直接的激光测距、轨道标度，甚至天体之间的遮掩都有助于我们收集距离数据。出了太阳系，就要使用视差法。这种方法利用了这样一个事实：当你改变观察位置时，相对于固定的背景，较近的物体看上去位置的变化要比远处的物体大。这也是为什么当你双眼交替睁开、闭上，放在脸前的手指就好像在来回跳动。如果我们在6月观测一颗附近的恒星，然后在12月观测同一颗恒星，由于地球在其围绕太阳的轨道上处于不同的位置，相对于更远的背景物体，这颗恒星看起来会有轻微的移动。它离我们越近，移动就越大。不幸的是，对银河系以外的任何物体来

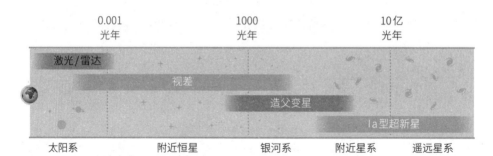

图16 宇宙距离阶梯。对于太阳系内的天体，我们可以用激光或雷达（除了利用轨道时间和距离之间的关系）来测量距离。附近恒星与我们之间的距离可以用视差来测量，而造父变星可以帮助我们确定银河系和一些附近星系的距离。对于更遥远的光源，我们可以利用Ia型超新星。

说，这种视运动实在太小了，无法被我们测量出来。因此，我们需要另一种方法，仅仅通过其光的特性来确定明亮物体的距离。

从这里开始，我们在上一章简要讨论过的标准烛光概念成了一切的关键。这是一种天体（比如恒星），具备一种能够告诉你其亮度的物理属性。然后，通过观察它看起来有多亮，你就可以知道它有多远。这有点像一个印有"60瓦"字样的灯泡。你知道它应该有多亮，但是当它离你很远的时候，你从它那里得到的光就会减少。

当然，太空中的天体身上不可能贴心地印着亮度标志。但是我们有几乎同样好用的工具。最早令我们得以在天文学中使用标准烛光的突破性发现，要归功于20世纪初的天文学家亨丽爱塔·斯万·勒维特[1]。在哈佛大学天文台工作时，她发现某种被称为"造父变星"的恒星会以可预测的方式变亮和

①　她在当时并没有被称为天文学家。她是一群被称为"计算员"的妇女之一，她们作为廉价劳动力被雇来检查天文底片，完成了大量的天体物理学基础计算。在她的发现基础上测出了宇宙的大小和膨胀的埃德温·哈勃，后来说她应该得到诺贝尔奖。不幸的是，除了被她的同事了解和尊重之外，她在生前几乎完全没得到过认可。

变暗。本身比较明亮的造父变星会进行缓慢而渐进的脉动，以较长的周期交替变亮一点、变暗一点。本身比较暗的造父变星脉动频率更快，在其最亮和最暗的状态之间有很大的变化幅度[1]。

这一发现是革命性的，也许是天文学史上最重要的发现之一，因为它让我们最终得以测量我们置身其中的这个宇宙的尺度。它意味着，不管看到的造父变星位于什么地方，我们都可以得到一个可靠的距离，并开始制作一幅可用的星图。通过测量一个造父变星脉动的频率，以及从我们这里看起来它有多亮，勒维特可以非常精确地告诉你它实际上有多亮，有多远。

这能让我们获得多远的测距能力？整个银河系和附近的星系中造父变星随处可见，所以我们可以对附近的变星使用视差法，仔细校准脉动关系，然后用较远的变星来获知我们与其他星系的距离。

距离阶梯的下一步至关重要，但也是事情从各种意义上来说都变得非常混乱的一步。在上一章中，我们提到了某种类型的超新星可以用来测量距离。它就是 I a 型超新星，是一颗白矮星以某种方式从另一颗同样不幸的恒星那里不断夺取质量，最终导致的壮观自爆。因为所有的白矮星都是相当简单的天体，[2]而且爆炸是由我们自认为领悟得比较透彻的物理学原理支配的，所以 I a 型超新星有一段时间被认为是很好的标准烛光，其爆炸看起来都很相似。但后来发现，对它们更恰当的描述是"可标准化的"，就像造父变星一样。如果你能测量出爆炸后的峰值和暗淡程度，你就能准确地了解爆炸所释放的总能量，从而了解它实际有多亮。

---

[1]　我喜欢把明亮的造父变星想象成高大而懒惰的圣伯纳犬，而把昏暗的造父变星想象成容易兴奋、神经过敏的吉娃娃。

[2]　反正对恒星来说很简单。

✹ 恒星的热核反应发光

然而，这本书是讲毁灭的，如果我把Ⅰa型超新星轻描淡写成"一种爆炸的恒星"，那就是失职。白矮星（我们的太阳最终注定要成为的那种恒星），本身就是恒星演化的一个奇迹。当一颗白矮星爆炸时，它经历了一次全身投入、全力以赴的热核爆炸，发光的强度超过了它所在的整个星系。

如果你是任意一种恒星，那么无论你处于恒星演化的哪个阶段，你的存在都取决于你的核心所产生的压力和构成你的材料的重力之间微妙的平衡（我们称之为"流体静力学平衡"，但它其实可以简述为这样一个想法：要让一颗恒星既不爆炸也不坍缩，向外的压力必须与向内的拉力持平）。大多数时候，恒星创造向外压力的手段是在其核心进行核聚变反应——紧紧地挤压原子核，使它们融合成某种更重的原子。对所有最轻的元素来说，将它们融合在一起会产生辐射，而这种辐射就是支撑恒星不坍缩的压力。

对于像太阳这样的恒星，向外的压力是由氢聚变成氦提供的。事实上，大多数恒星就是巨大的氦工厂，把宇宙中丰富的氢聚集在一起，每秒重复无数次。

出于情感上的原因，我们来特别探讨一下太阳。

现在，太阳正在愉快地燃烧着氢，在其核心创造着过剩的氦，并使自己的温度和压力随着时间的推移和氢氦平衡的变化而变化。由于工厂的效率取决于温度和压力，太阳的尺寸大小及能量输出功率将随着时间的推移而变化。最明显的是，在未来的几百万年内，太阳的辐射将变得更强一些，体积也会变得更大一些①。

再过大约10亿年，就到了我们都被烤焦的环节。但是，哪怕地球已经变成了一块毫无生机的焦黑岩石，太阳依然还有漫长的生命旅程要走。随着不断增加的热量焚烧着内行星（水星和金星），并蒸发掉地球上所有的海洋，太多的氢将被消耗掉，以致在太阳核心周围将只剩下一个燃烧的氢壳。然后，核心温度升到足以将氦聚变成氧和碳，并将太阳变成一颗巨大膨胀的红巨星。进入红巨星阶段几十亿年后，等到太阳最终耗尽所有可供聚变的氢，它将真正开始经历死亡的痛楚。核心将逐渐被氧填满，然后是碳。这种生产是被恒星其他部分的重力对核心的挤压推动的。不过，到最后，在太阳膨胀到吞噬了金星的轨道，地球成为冒烟的废墟之后，太阳的引力将不足以维持任何进一步聚变所需的温度。恒星的外层大气将剥离，而核心将开始收缩。

你可能会认为这便是太阳的终结——油尽灯枯，面目全非，吞噬了行星，却不再有足够强大的核聚变反应来支撑自己。幸运的是，有一种比核聚变反应更强大的压力，可以令经历过红巨星阶段的太阳和其他类似的恒星不至于完全坍缩，而是作为白矮星度过它的恢复期。这种压力直接源自量子力学。

✺ 一堆量子

你需要知道的第一件事是，你所知道和喜爱的大多数亚原子粒子（电

---

① 根据目前的估计，太阳的半径已经在以每年约1英寸（2.54毫米）的速度增大。但与此同时，地球的轨道正在以每年约15厘米的速度远离太阳（我不打算因为单位的混用道歉），所以此刻太阳表面并没有离我们越来越近。

子、质子、中子、中微子、夸克）都是费米子。这意味着它们是以某种粒子物理学的方式严格独立的。说得具体一点，它们遵守泡利不相容原理，也就是说，它们不会在同一时间处于同一地点和同一能级。这就是为什么（如果你能回想起高中的化学课）原子外围的电子都要出现在不同种类的"轨道"上，那实际上就是能级。

总之，在一颗燃尽、坍缩中的恒星核心里，有非常多的原子被紧紧地压在一起，它们的电子开始变得焦躁不安。在那样的压力下，电子不是被束缚在特定的原子上，而是被挤作一团。因为过于拥挤，它们不得不跳到越来越高的能量状态，以避免全都处于同一个状态。这就产生了一种压力，称为电子简并压力，其强度足以阻止恒星的坍缩，并创造出一种全新的天体：白矮星。

白矮星是一种完全没有核聚变反应的恒星。它是一种完全由电子并不怎么喜欢同类这一量子力学原理支撑起来的固体物质。它可以在沉默的闷燃状态下持续存在亿万年，直到它慢慢失去光华和热度，与万物一道，或在宇宙的热寂中瓦解，或在大坍缩中点燃，或在大撕裂中被幻影暗能量撕碎。

除非它再得到一点质量。

电子简并压力可以做很多事情。它可以支持一颗完整的星球，但也只能支持到一定程度。如果有什么事情（从一颗伴星上吸走物质，或者与另一颗白矮星相撞）把白矮星推过了这个程度，它的质量就会过多，使简并压力无法平衡进一步的坍缩。一旦这种平衡被打破，一些事情就会接二连三地发生。

恒星核心的温度上升。碳开始燃烧。恒星的物质开始翻滚和搅动，把更多的物质拖进或拖出中心火焰。一次爆燃贯穿了恒星，引发热核爆炸，其威力大到将恒星彻底撕裂，场面十分壮观。

白矮星的爆炸是如此明亮，以至于可以短暂地令整个星系黯然失色，并且可以被数十亿光年外的天文望远镜捕捉到。人们甚至曾经不借助仪器看到某些爆发于银河系遥远位置和附近星系的超新星，在古代，用肉眼，在白天[①]。

除了这种粗浅的描述，我们仍然不知道 I a 型超新星是如何产生的，这让天文学界有些沮丧。人们仍然在争论，它们的主要成因是伴星落到白矮星上的物质还是白矮星之间的碰撞。模拟爆炸撕裂恒星的过程在计算方面也是非常困难的。大多数模拟的结果是恒星物质冒泡、搅动的精彩视觉效果，令人印象深刻且难以置信，但实际上并没有推演出爆炸的部分。不过他们正在努力解决这个问题。（事实证明，恒星还是挺复杂的，特别是当量子力学和热核爆炸都很重要时。）

让我们自认为可以从 I a 型超新星观测中了解到有用信息的是这样一个事实：我们可以合理地预期，白矮星在爆炸时几乎总是拥有相同的质量。1930 年，20 岁的印度天才物理学家苏布拉马尼扬·钱德拉塞卡为了开始在剑桥大学的学业，乘船前往英国，在空闲时间一不留神革新了恒星演化理论。通过改进现有的计算方法并加入相对论的重要影响，他发现了任何由电子简并压力支撑的恒星的质量上限。这个上限大约是太阳质量的1.4倍，被恰当

---

① 1006 年 4 月 30 日至 5 月 1 日被人们看到的 SN 1006，很可能是一颗 I a 型超新星，由银河系内距我们大约 7000 光年的两颗白矮星碰撞而产生。其残余物时至今日仍然可见，在天文图像中看起来很像一个五颜六色的烟球。

地命名为"钱德拉塞卡极限"。白矮星只要获得了足够的质量，超过了这个上限，就一定会立即在壮观的爆炸中成为一颗超新星。既然我们知道爆炸的物理学原理总是相同的，我们就知道了Ⅰa型超新星固有的亮度，从而可以计算出它的距离。

待到钱德拉塞卡的船最终靠岸，他的突破如同一道知识的爆炸冲击波，将科学领域冲了个天翻地覆，永远改变了我们对这些奇怪而绝妙的爆炸性天体的看法。（不过，不是每个人都对此信服。显然，大牌明星级别的天文学家亚瑟·爱丁顿爵士[①]，因为自己的工作得到了钱德拉塞卡的完善，对于被这个后起之秀比下去很不高兴。他给这位年轻的物理学家穿了好几年小鞋，才最终承认对方的计算更加完美。）

✳ 宇宙爆米花

所有的白矮星在聚集了足以超过钱德拉塞卡极限的质量时都会爆炸，这一观点给天文学家带来了希望，即我们针对不同恒星之间的细微差异进行一定调整之后，便可以将这些恒星作为距离基准。

我们在这方面究竟能做得多好，在天体物理学界仍然是一个激辩中的论题。这是可以理解的，因为此事关系实在重大。Ⅰa型超新星是测量宇宙中大

[①] 如果你觉得爱丁顿这个名字耳熟，那可能是因为他在1919年开展过一次日食考察，为爱因斯坦的广义相对论提供了最早的一些观测证据。通过观察在抵达地球的途中与太阳擦身而过的星光（这种观察只有在发生日食期间才可以开展），他注意到那些光因为太阳对空间的扭曲而弯曲了。当时一个著名的头条新闻标题是这么写的：《天堂的灯光打歪了——科学界的弟兄们对日食观测结果多少有些兴奋》。瞧这意思，科学界的姐妹们大概是兴味索然了。

跨度内距离的黄金标准[1]。它们使天文学家在20世纪90年代末能够探测到宇宙的加速膨胀，也是天文学家现在用于了解暗能量性质的最佳工具。

用宏大的恒星爆炸作为距离基准可能听起来很奇怪，因为我们显然不能准确地预测一颗恒星什么时候爆炸。然而事实证明，恒星爆炸率足够高（一条可以接受的经验法则是，每个星系每个世纪都会出现一颗超新星）——而星系有那么多，如果我们每天晚上都拍摄很多星系的照片，便很有可能经常看到前一天晚上还不存在的光点，然后我们就可以对它进行更加细致的观察。

利用对超新星的观测，我们现在对星系距离的校准已经达到了令人赞叹的精确度——逼近1%的水平。这使得我们有可能通过测定星系的距离和远离我们的速度来测量宇宙的膨胀率。我们在第3章探讨过，我们用哈勃常数——那个与距离和远离速度有关的数字——来谈论膨胀率。截至本书写作时，对超新星的测量使我们对哈勃常数的测算精度达到了2.4%。

奇怪的是，这个数字与我们通过观察宇宙微波背景辐射对同一问题求得的结果完全不一致。

✹ 膨胀之谜

在过去的几年里，来自超新星的哈勃常数测算结果是大约74千米/（秒·百万秒差距），这意味着一个距离我们1百万秒差距（大约是320万光

---

[1] 如果Ⅰa型超新星有可能制造金元素，这将是一个很巧妙的双关语。虽然它们可以在爆炸过程中制造出其他元素（例如数量惊人的镍），但由于涉及极端的温度和压力，金可能主要是在中子星的碰撞中产生的。

年）的星系正以大约74千米/秒的速度离我们而去。一个两倍远的星系相对于我们的移动速度便是这个数字的两倍。但是，我们也可以通过仔细研究宇宙微波背景辐射中的热点和冷点的几何形状，间接地测量哈勃常数。采取这种方式时，我们得到的数字更接近67千米/（秒·百万秒差距）。尽管这些观测对准的是宇宙历史中相距甚远的不同时代，但是它们都可以告诉我们今天的膨胀率。在一个我们自认为了解其构成的宇宙中，两种确定哈勃常数的方法应该得出相同的数字。但事实并非如此。

人们也并没有总觉得这是一个很严重的问题，因为并没有人认为这两种测量方法精确到了多么了不起的地步，以至于可以解决这个问题。事情的最新进展是，宇宙微波背景辐射派认为，人们对距离阶梯的估计存在一些错误，最终会被纠正，使数字下降一点点。而超新星派认为，对宇宙微波背景辐射的测量结果是通过测量空间本身形状而得出的，太复杂了，肯定会有证据证明这个数字确实高了一点点。考虑到观察宇宙婴儿期照片并将其转换为现今的膨胀率需要大量的计算和转换，这个假设并非全无道理。同样，距离阶梯也是非常复杂的。如果不把超新星本身的每一个相关属性都搞清楚，就会有很多偏差对测定结果造成影响，而在解决偏差之前，对变星的校准就没那么容易，有时候哪怕相对较近的星系的距离也存在巨大的不确定性。部分原因是我们在附近能看到的造父变星的数量与远处的情况是不同的，而且……好吧，我可以继续说下去。我只是想说人们还在争论。

虽然双方都还没有完全放弃对方搞错了的假设，但由于双方都在改进其方法，消除所有已知会造成测量偏差的因素，结果发现越来越精确的数字仍然与对方不一致，因此情况越来越令人不安。

　　我们还不清楚这个问题的解决方案最终会是什么。也许它真的要归结为数据中的系统性错误，或者测量本身的一些问题。也许它只是统计学上的一种偶然，尽管表面上看起来不太可能。在一些最吸引人的解释中，暗能量不再是那个平淡无奇的宇宙常数，而是某种可能会导致大撕裂的不祥之物。有一个假设可以合理地解决测量结果之间的差异：暗能量随着时间的推移变得更加强大，一如我们从幻影暗能量主导的宇宙早期阶段所推测的那样。

　　也许还不到惊慌失措的时候。我们已经探讨过，数据仍然不是那么清晰。大多数对 w 的测量都得出了恰好等于-1的结果，尽管有时候也确实会非常轻微地倾向于是一个小于-1的值，但这种倾向并没有真正的统计学意义。至于哈勃常数的分歧，即便所有的测量都是正确的，不会导致末日场景的解释（涉及奇特的暗物质模型，或者对早期宇宙条件的修改）也是非常有可能胜出的。事实上，就算调整暗能量也不足以完全解决这个问题，所以该去其他地方寻找答案的假设也不是没有道理的。况且，虽然在最近的宇宙历史中，暗能量的影响出现了急剧的上升，表明幻影暗能量之类的东西确实存在，但我们在大撕裂发生之前仍有大量的时间。

　　事实上，我们已经讨论过的所有宇宙终结场景都有一个共同点：它们肯定不会很快出现。根据我们对物理学的最准确理解，最极端的大坍缩的发生至少也得在几百亿年之后，而大撕裂的发生不可能早于1000亿年。大多数人认为更有可能发生的热寂，将出现在我们找不到合适的术语描述的遥远未来。

不过，还有一种可能性，其威胁性明显高于其他所有可能性。它导致的末日场景本质上是宇宙结构本身的一个出厂缺陷给我们带来的灾难。它是合理的，得到了完备的描述，拥有有史以来最精确的基础物理学实验的最新结果的支持。而且，它随时有可能发生。

第 6 章

真空衰变

一个人担心的事情都不会发生。一个人从未想过的事情才会发生。

——康妮·威利斯[1]，《末日之书》

---

[1] 康妮·威利斯（Connie Willis），美国科幻和奇幻作家，获得了 11 项雨果奖和 7 项星云奖。

2008年3月，一位名叫沃尔特·瓦格纳的退休核安全官员对美国政府提起诉讼，以阻止科学家启动大型强子对撞机。在瓦格纳看来，这是一次为了拯救世界孤注一掷的努力。当然，这场诉讼是注定要失败的。原因之一是，大型强子对撞机是由欧洲核子研究组织（缩写为CERN，该缩写来自法语）而非美国政府控制的。另外，瓦格纳的科学担忧也许确实发自肺腑，但却是毫无根据的。最后，CERN的领导层就其对撞机技术的安全性发布了一些安抚人心的新闻，大型强子对撞机的建设和运行继续进行。

这并不能阻止部分公众随着预定首次粒子碰撞日期的临近越发恐慌。大型强子对撞机将是历史上最强大的粒子物理学实验。它巨大的圆形密封地下轨道周长为27千米，内部为真空，并被冷却到极低的温度，质子在其中四个位置发生对撞。对撞将在探测器内产生瞬间的能量爆发，其威力之大，足以重现创世之初仅仅几纳秒以内的热大爆炸环境。科学家们希望，在大型强子对撞机的帮助下，我们不仅能深入了解早期宇宙的状况，还能更加了解物质和能量本身的结构。先前的实验已经表明，物理定律是依赖于能量的，对粒子和力相互作用方式的改变取决于它们所处的条件。因此，创造能量越来越高的碰撞将使科学家能够深入探讨对物理学运作方式的理解。

此外，还有一个更加诱人的奖励摆在面前。几十年前，物理学家们就已经推测出一种新粒子的存在，对物质行为的关键决定性作用将使它成为拼完粒子物理学标准模型的最后一块拼图。它就是希格斯玻色子。如果它被发现了，那么出于我们很快就要探讨的原因，它将最终证实解释基本粒子如何在早期宇宙中获得质量的先导理论。而且，它还有望为我们带来目前探索领域

万物的终结

之外的物理规律结构的线索。

然而，正是这一前景（探索现实的未知领域）让旁观者心生恐惧。从来没有人在那么高的能量下制造过碰撞。没有人知道物理学定律在那样的环境中会如何转变和自我重塑。

互联网上涌现出大量人们对最坏情况的猜测。说不定这台机器会打开某种通往另一个维度的入口，撕裂空间结构；说不定它将创造一个微小的黑洞，而这个黑洞将不断扩大，吞噬整个地球；说不定它会创造出"奇异物质"（一种由上夸克、下夸克和奇夸克①构成的物质），一些人认为这可能会导致一个"九号冰"式的连锁反应②,把它所接触的所有物质都转换掉。然而物理学家还在推进项目，显然没把这些说法放在心上。2009年11月，大型强子对撞机执行了首次高能质子对撞。

鉴于这颗星球上的生命仍然存在，我说一声"前述假想的存在性灾难都没有发生"也算不上剧透。但我们是否只是运气好？考虑到那些潜在的风险，这个实验是否真的有必要？

物理学家并不总是谨慎的人，但是探索"如果"场景算是我们养家糊口的营生，而且深入思考终极毁灭的可能性背后实实在在的物理学原理的机会是很难放弃的③。事实上，在2000年，四位物理学家（其中一位后来获得了诺贝尔奖）为《现代物理评论》写了一篇16页的论文，题为《对RHIC推测

---

① 夸克有六种不同的"味"，其质量和电荷各不相同。这些味是：上、下、顶、底、粲、奇。它们是在20世纪60年代被命名的。
② 在库尔特·冯内古特所著《猫的摇篮》中，人们创造了一种新形式的冰，即"九号冰"。它比液态水更稳定。在故事中，"九号冰"颗粒碰到的每一滴水都会变成"九号冰"，对生命和世界造成了生存威胁。
③ 相信我，我很清楚。

性"灾难场景"的述评》。RHIC指的是相对论重离子对撞机,是布鲁克海文国家实验室的一台对撞机,比大型强子对撞机还要早,其建造目的是在高能条件下对撞金等重元素的原子核。这本身是一个开创性的实验,但也有人担心它可能会产生不可预见的后果,从而危及地球(或宇宙)。这篇论文的撰写就是为了充分探讨,并希望能消除那些谣言。

结果是令人鼓舞的。研究人员发现,不仅单从理论上考虑,产生奇异物质或黑洞的可能性微乎其微,实际上还有实验数据支持这一点。具体来说,就是月球的存在。

任何所谓对撞机引起的奇怪现象会消灭我们的论点,都是基于这样一个想法:这些对撞机中的极端高能对撞是前所未有的,我们不可能知道会发生什么。这就忽略了一个重要的事实。RHIC和大型强子对撞机所达到的能量对我们这些微不足道的人类来说可能是新奇的,但在宇宙中游弋的宇宙射线一直都能达到令人难以置信的高能量,并不断与其他物体碰撞,或彼此之间发生碰撞。用RHIC论文作者的话说:"很明显,从无法想象的久远过去开始,宇宙射线就一直在整个宇宙中进行着类似RHIC的'实验'。"数十亿年来,能量远超地球上任何对撞机的碰撞不断在整个宇宙中发生,所以如果它们能摧毁宇宙,我们肯定已经注意到了。

"等一下,"你可能会说,"万一深空的宇宙射线碰撞真的具有难以置信的破坏性,只是太远了,影响不到我们呢?万一宇宙中到处存在奇异物质团块,只不过我们不知道呢?"这是合理的担忧。尽管大多数时候,在对撞机中产生的粒子预计会有足够的剩余动量,一旦形成便会迅速离开实验室,但可以想象,我们有可能创造出一些危险的东西,或多或少地停留在探测器中。那又会如何呢？

　　幸运的是，我们可以把月球当成"煤矿里的金丝雀"。从地球上的探测器和太空望远镜中获得的数据已经足以让我们知道，高能宇宙射线一直在轰击月球。（事实上，利用射电望远镜，我们甚至可以把月球用作一部中微子探测器[①]，这实在有点儿神奇了。）如果高能粒子碰撞能够将附近的普通物质转化为奇异物质，那么这种事情在很久以前就应该在月球上发生了，我们的天空中就会有一个完全不同的天体。同样，如果月球上形成了一个微小的黑洞并吞噬了它，那么夜空也会发生相当明显的变化。更不用说我们人类事实上已经去过了那里，四处走了走，打了几杆高尔夫，并带回了样品。月球依然过得很好。因此，那篇论文的作者认为，RHIC不会杀死我们所有人。

　　不过，被推翻的末日并不只是奇异物质和黑洞。同样因见证了宇宙射线的超强火力而被否决的另一种可能性是，一次足够强大的碰撞可能引发一种叫真空衰变的量子事件，从而毁灭宇宙。整个真空衰变的想法基于这一假设：我们的宇宙有一种致命的不稳定性。虽然这可能听起来很可怕，哪怕仅有些许似有似无的可能性，但在RHIC投入使用的时候，并没有真正的证据表明宇宙有这样的缺陷，所以它并没有受到特别重视。

　　当大型强子对撞机在2012年发现希格斯玻色子时，一切都改变了。

---

① 　这要利用一种所谓的阿斯卡莱恩效应：超高能中微子穿透月壤时会产生一阵无线电波，而这种电波有望被我们的射电望远镜拾取到。到目前为止，我们的望远镜还不够敏感，但我们应该能够用下一代仪器接收到这些信号。

✵ 宇宙状态

想让粒子物理学家感到难堪，一个好办法是提及令希格斯玻色子闻名于世的那个名字：上帝粒子。我们对这个崇高的称号集体感到不满，并不完全是因为对科学和宗教的混合感到不舒服（尽管对许多人来说这就是主要的原因），还因为"上帝粒子"这个叫法是非常不精确的，而且坦率地说，听起来有点自以为是。这并不是说希格斯玻色子在粒子物理学标准模型中算不上一个非常重要的部分。甚至可以说，希格斯粒子是其他一切事物得以相互契合的关键。然而，真正在粒子物理学的运作和宇宙的本质中起核心作用的是希格斯场，而不是粒子。

简而言之，希格斯场是一种弥漫于全部空间的能量场，通过与其他粒子发生相互作用，使它们拥有质量。希格斯玻色子与希格斯场的关系就如同电磁力（和光）的载体光子与电磁场的关系——它是弥漫在更大空间中的某种事物的局部"激发"。这个故事的长版本则牵涉到了弱电理论（将弱力与电和磁结合在一起的理论），以及一个叫"自发对称性破缺"的过程将这些力分开的方式。

（本书写到这一部分的时候，我真的非常想把量子场理论全部给你讲一遍，但是通过英勇的努力，我限定自己只提及几个关键问题。你只需要相信我，如果你决定去学习这一切背后的数学，它还会比这酷得多。）

我们在第 2 章中谈到过，物理学在不同的能量下有不同的运作方式。例如，在我们日常生活中所应对的各种能量下，电磁力和弱力就像毫不相关的两种现象，但在非常早期的宇宙中，在非常高的能量下，它们是同一事物的不同方面。希格斯场在这一转变中发挥了作用。当它发生变化时，物理学规律也随之改变。

这是我们建造对撞机的很大一部分原因：为了在我们探测器内的微小空间里，创造出宇宙开端时存在的那种极端条件，并利用其深入了解决定物理学中一切事物如何结合的基本物理学原理。基本的想法是，肯定存在某种总括性的数学理论，为我们提供所有可能条件下粒子相互作用的蓝图，而通过不断制造更高的能量相互作用，我们可以越来越清楚地了解这个更大的框架是什么样子的。

打个比方，想想水。在最基本的层面上，它是氢原子和氧原子以特定排列方式结合成的分子的集合。但我们对水的日常印象是一种均匀的无色液体，或者是一种固态的晶体，或者在某些不幸的时候是一种令人心碎的潮湿①，让你希望你的衣服是由毛巾制成的。通过检查不同形式的水的行为，我们可以对它的本质做出推断，哪怕我们手头没有强大的显微镜来查看单个原子本身。例如，雪花的形状令我们对水分子排列成晶体时的形状有所了解；水蒸发的方式提供给我们一些关于将分子固定在一起的键的信息。如果我们只能体验水的一种状态，我们就无法了解它的全貌，也就更难触及对它的完整认知。同样，我们对亚原子粒子相互作用的经验会随着实验的能量（或温度）而改变，这让我们能更加全面地了解真正发生的事情。

在粒子物理学中，我们想知道的是粒子之间如何相互作用，以及它们的质量等基本属性是如何形成的。任何有质量的粒子的突出特点是，不受力便不会加速，而且永远无法达到光速。在非常早期的宇宙中，希格斯场经历了

———————————
① 本书的这一部分是在 8 月份多雨的北卡罗来纳州写的。

一次转变，将电弱力分离成电磁力和弱力，并在这个过程中给予了一些粒子（除了光子以外的所有粒子）与希格斯场本身相互作用的能力。这种相互作用的强度决定了粒子的质量。光子继续以光速在空间中飞驰，其他粒子的速度则因为受到希格斯场不同程度的拖曳而相应减缓。

比较粒子在早期宇宙中的行为和在今天的行为，就如同比较你分别与水蒸气和液态水的互动。把水蒸气想象成希格斯场——一个存在于空间中每一点的能量场。然后想象一下，在某一时刻，希格斯场急剧地改变了性质，就像水蒸气凝结成液态水一样彻底。如果你已经习惯了仅仅与潮湿的空气打交道，那么在一池水中移动将是完全不同的景象。当希格斯场突然改变性质时，就如同物理学定律凝结成了一种完全不同的形态。突然间，原本可以毫无阻碍地以光速运行在空间中的粒子，由于与希格斯场的相互作用而迟滞下来。它们获得了质量。

我们把这个过程称为"电弱对称性破缺"。

✻ 可怕的对称性

物理学中的对称性是那种微妙而抽象的概念，不引用方程式是很难解释的，但是对我们作为物理学家所思考的一切来说，它也是绝对重要的，我不能昧着良心对它一笔带过。对称性是我们描述自然界理论的核心，而且往往也是我们发展新理论的核心。如果你碰巧是一个惯于用支配世界的数学方程来思考世界的人，你可能已经对理论可以用它们遵循的对称性来描述的概念感到很熟悉；而如果你不是，这个概念对你来说便是胡言乱语，这很合情合理。因此，让我们多插几句话，把这个概念讲清楚。它实在是美不胜收，一旦你了解了，你就会发现它无处不在。

对称性说的不仅仅是事物与它在镜子里的形象是否相同。在物理学中，它包含有关模式，以及这些模式如何能让我们更深入地了解一些底层结构的一切。以元素周期表为例，为什么这些元素被排列成我们今天所熟悉的行和列？如果你学过化学，你就会知道特定列当中的元素会存在一些共同点——最右边那一列的惰性气体都不喜欢发生化学反应，而紧挨着它们的卤素则特别容易发生反应。这些模式在表格完成之前就被发现了，事实上，元素周期表的创建者德米特里·门捷列夫在某些元素被发现之前，就根据模式推测出它们应该存在，并在表中为它们留下了位置。

元素周期表中的规律导致了电子轨道的理论化，继而引出了亚原子物质基本性质的发现。一次又一次，科学家通过在他们的观察结果中识别出模式，继而寻找一个可以让他们深入了解真实情况的隐藏属性，从而发展了新的自然理论。这样的事情我们一直在做，但自己往往意识不到，比如：观察公路交通在一天中的变化可以得知标准的营业时间；地毯上褪色的图案可以让你推断出房间的哪些部分得到的阳光最多（从而间接地告诉你地球和太阳在太阳系中的相对位置关系）。

就粒子物理学而言，使用对称性往往很像建立新的元素周期表，只不过针对的是自然界更小的构件。粒子之间的相似性（例如，它们的电荷、质量或自旋）可以暗示出它们构成的相似性或它们与基本力之间的联系。将这些粒子按照一定模式进行排列，可以让物理学家辨识出可能是整个理论决定性特征的对称性。

　　有时候这些模式最容易通过数学方法看出来。如果你写下一个描述物理过程的方程，然后发现你可以交换一些项而不会改变方程所描述的物理现象，你就发现了一种数学上的对称性。而且，说不定它可以向你提供关于你所描述的粒子或场的深层信息。

　　这种以对称性为导向看待粒子和它们之间关系的方式，在物理学中是如此普遍，以至于我们引用数学对称性概念作为某些物理学理论的简称。例如，电磁学经常被称为 U（1）规范场论，因为其数学描述的某些方面具有与圆相同的对称性，而"U（1）"是描述绕圆旋转的数学群的简称。

　　对称性破缺事件是指条件突然发生变化，造成你用来描述粒子如何相互作用的理论呈现出不同、不太对称的结构。对称性破缺发生后，你就不能再以同样的方式交换方程中的符号，而这种对称性的变化表现为物理世界中行为的改变。

　　我们在物理学中遇到的一些对称性是抽象的，只在数学表达式中才明显，但有些是常见的东西。旋转对称是指某些东西旋转某个角度后看起来没有变化（比如圆或五角星）；平移对称是指如果你把某样东西移到一边，它看起来和原来一样（例如，一条长篱笆移过一个桩的距离，或者一条长直线滑过一英寸）。破坏对称性就要做一些令对称性不再成立的事情。一个酒杯拥有完美的旋转对称性，直到其上某个地方出现一个口红印。长栅栏有平移对称性，直到其中一块板条被打破。即便一场晚餐聚会也可能包括对称性破缺事件，宴会上的物理学家群体便经常在酒水被端出来之后观察到这种现象。当你耐心等待着用餐开始时，面前摆着一套令人困惑的银器，两边各有一个小面包盘，这时的你处于旋转对称的情况。只要有一个人向右或向左伸手拿起面包盘，对称性就被打破了，其他人就可以有样学样了[①]。

作为物理学家，无论我们正在研究什么样的对称性，我们都会在描述相互作用的方程中看到它。有很多办法可以把旋转、反射和平移对称性编码到方程中，从而让你知道无论你如何旋转、翻转或移动有关的系统，其物理学性质都保持不变。方程还可以编码更微妙的对称性，那些最适宜用群论和抽象代数来描述的对称性都相当迷人，不幸的是它们远远超出了本书的范围。

宇宙成长到0.1纳秒的成熟年龄那一刻，也正是电弱对称性破缺发生之时，它是一种对物理学结构在基本层面上的重新安排[②]。在我们的后电弱时代宇宙，粒子相互作用必须遵循的规律变得全然不同了。希格斯场的变化犹如水蒸气凝成了一片海洋。

水的比喻并不完美。当你在水中移动时，你会因阻力而减速，这意味着如果你不再使劲，你就会停滞不前。在有质量粒子与希格斯场相互作用的情境中，相互作用并不会随着时间的推移而减慢它们。任何在真空中运动的东西都倾向于继续做它正在做的事情。具体到有质量粒子，这通常包括以非常高的速度（尽管是亚光速）在宇宙中飞驰。有质量粒子和无质量粒子之间的主要区别是，若要改变速度，则在真空中运动的有质量粒子需要一个推力，而无质量粒子则毫不费力地以光速疾驰。事实上，无质量粒子不可能以光速以外的任何速度运动。

因此，我们这些喜欢偶尔静坐的人，应该感谢希格斯场所做的事情，以

---

① 两个人同时伸手去拿相反方向的面包盘，会造成一种物理学家称之为"拓扑缺陷"的堆积。在这个具体案例中，它将是一个"畴壁"，如果放任其在宇宙中蔓延，它将主宰宇宙并导致大坍缩。这就是为什么我总是等待别人先选择面包，然后再进行尝试。

② 我们在第2章中讨论过这种转变，以及它对非常早期的宇宙意味着什么。

及打破了电弱对称性。希格斯场不仅赋予了粒子质量，还决定了自然界的几个基本常数，比如电子的电荷，以及粒子的质量。我们所处的这一特定物理状态，即希格斯场恰到好处地位于它所在的位置，被称为我们的"希格斯真空"或"真空状态"。如果希格斯场有另外的某个值，或者如果对称性以另外某种方式被打破，我们可能根本就无法存在。我们享有这样一个宇宙：粒子的质量和电荷被精准地设置到使它们能够结合成分子，形成结构，并开展生命所需的化学过程。如果希格斯场取的是其他某个值，这种微妙的平衡就可能被打破，前述的结合就可能不会发生。我们的存在都要归功于希格斯场确定为目前的数值。

而正是从这里，事情开始变得有点难料了。

像大型强子对撞机这样的实验创造了类似早期宇宙的极端条件，不仅帮助我们掌握了物理定律，还让我们认识到在其他条件下这些定律可能是什么样子。2012 年，当物理学家最终能够在粒子碰撞中制造出希格斯玻色子时，对其质量的测量补齐了粒子物理学标准模型中最后一块缺失的拼图。它让我们不仅看到了希格斯场目前的值，还看到了只要有半点机会它就可能获得的所有值。

好消息是，希格斯粒子质量的测量值完全符合标准模型的一个非常合理、数学上自洽的表述，而到目前为止，标准模型已经出色地通过了每一次实验的检验。

坏消息是，标准模型的这种一致性也告诉我们，希格斯真空这一支配物理世界的完美平衡定律并不稳定。

我们美丽的宇宙似乎一直在苟延残喘。

✹ 滑坡的宇宙

我们的真空可能不稳定的想法并不新颖。甚至早在20世纪60年代和70年代，物理学家就已经开始兴高采烈地写论文，想象宇宙可能经历一个灾难性的衰变过程，摧毁我们所知的所有生命，乃至所有物质结构的可能性。当然，真空衰变在当时只是一个可以在方程里摆弄的有趣想法，没有实验数据支持。

现在就不一样了。

要想理解真空衰变，我们必须理解势的概念，这是一种数学结构，表示一个场的值可以怎样变化，以及它的偏好范围。你可以把希格斯场想象成一块沿着斜坡向山谷滚落的鹅卵石，势由该斜坡的形状表示。就像鹅卵石终将停留在谷底一样，只要没什么因素阻止它，希格斯场就会寻求最低能量状态，也就是势处于最低值的状态，并且停留在那个状态。势的草图可能看起来像一个U形，U形的底部就相当于那个山谷的底部。当电弱对称性破缺发生时，它创造了支配希格斯场的势，正如我们通常所想象的那样，希格斯场此刻安全地定居在底部。

问题在于，那里也许不是真正的底部。在势的某个更低的部分，可能还存在另一个真空状态。想象一种倾斜的圆角W形，其中一个山谷比另一个低一点，而我们的希格斯场并没有待在那个低一点的谷内。如果希格斯势有第二个较低的山谷，它就会突然从一个漂亮的数学结构变成对宇宙的生存威胁。

无论希格斯场目前位于它的势的哪个位置，它都给了我们一个宜居、舒适的完美宇宙。我们目前拥有的自然常数恰好能让粒子结合，形成适宜生命存在的坚固结构。如果在势的更低处存在另一种状态，这一切就危险了。

在这种情况下，希格斯真空只是处于亚稳态。说是稳定，其实勉强，以后会怎样也难以预料。希格斯场被卡在势的某个位置，那里看起来像谷底，但实际上更像是谷壁上的一个凹点。它可以在那里停留很长时间，足以让星系成长、恒星诞生、生命演化，以及更多泛滥成灾的超级英雄电影得到制作和发行。然而，这样一种可能性始终暗藏在那里：足够强烈的扰动可以将它震出边缘，然后它就会不可阻挡地跌向真正的谷底。那将是货真价实、如假包换的末日级灾难。我们很快就会详细讨论其中的原因。

不幸的是，我们手头最好的数据，也就是符合粒子物理学标准模型的每一项测量结果的那些数据，全都表明我们的希格斯场目前正紧紧攀附在这样一个凹点处。这种亚稳态也被称为"假真空"，与之相对的是谷底的"真真空"（图 17）。

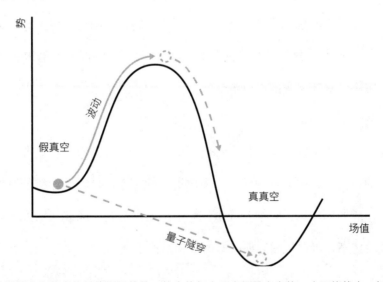

图 17　有假真空状态的希格斯场的势。势中的每个谷底都是宇宙的一个可能状态。如果我们的希格斯场位于较高的谷底（假真空），它可以通过一个高能事件（图中标记为"波动"）或通过量子隧穿过渡到另一个状态（真真空）。如果我们生活在一个假真空宇宙中，那么希格斯场向真真空的过渡将是灾难性的。

处于假真空有什么不妥吗？很可能什么都不妥。假真空充其量是最终毁灭前的苟安。在假真空当中，物理学定律，包括粒子存在的能力，都依赖于一个岌岌可危的平衡行为，随时都有被打破的可能。

当这种情况发生时，它被称为“真空衰变”。它迅速、利索，不会造成痛苦，而且能够绝无保留地摧毁一切。

量子死亡泡

真空衰变的发生必须经由某个事件的触发——某种事物会把希格斯场推到足够远的地方，令其发现势与“真”真空相对应的部分，并意识到它还是更愿意待在那里[①]。一次超高能量的爆炸，或者一个黑洞灾难性的最终蒸发，甚至是一次不幸的量子隧穿事件（后面会详细解释）都可能引发它。无论在宇宙的什么地方，只要此事发生了，都会产生一个不可阻挡的末日连锁效应，宇宙中没有任何东西可以承受。

它从一个泡开始。

无论事件发生在哪里，都会形成一个小小的真真空泡。它包含了一种完全不同的空间，其中的物理学过程遵循不同的规律，自然界的粒子被重新排列。在形成的那一刻，它细若纤尘，微不足道。但它已经被一堵极高能量的气泡壁所包围，可以烧毁它所接触的任何东西。

然后，泡开始膨胀。

① 当然，希格斯场并没有好恶，它只是受其势的支配。但是如果条件允许，它一头栽向真真空的样子真的会给人一种迫不及待的印象。

因为真真空是更稳定的状态，所以宇宙"更喜欢"它，只要有一丁点儿机会就会向它奔赴，就像鹅卵石放在斜坡上就会滚下来。泡一出现，它周围的希格斯场就会突然被震落到谷底。就好像第一个事件震松了它附近每一颗不稳定的鹅卵石，然后连锁效应就蔓延开来。越来越多的空间屈服于真真空状态。任何不幸处于泡路径上的东西都会首先被能量极高且以光速冲过来的泡壁击中。然后，它会经历一个只能被描述为完全和彻底的解体过程，因为以前将原子和原子核中的粒子固定在一起的力不能再发挥作用了。

也许你看不到它的到来是最好的。

尽管从旁观者的角度来看，这个过程是那么引人注目，但如果你在泡出现时碰巧站在附近，你其实并不会注意到它。以光速向你飞来的东西是看不见的——任何警告你其接近的蛛丝马迹都是与它本身同时到达的。你不可能看到它的到来，甚至不可能知道哪里出了什么问题。如果它从下面向你袭来，会有几纳秒的时间，在此期间你的脚不再存在，而你的大脑仍然认为它在看着你的脚。幸运的是，这个过程也是完全无痛的：你的神经冲动无论如何都赶不上你被泡瓦解的速度。这是一种慈悲，真的。

当然，这个泡并不会满足于消灭你。任何行星或恒星，只要在泡不断扩大的半径内，都会遭受同样的命运，而且对即将发生的事情同样懵然无知。整个星系都会被吞噬并抹消掉（图18）。真真空会把宇宙完全消除，只有那些遥远得可以凭借宇宙加速膨胀永远处于泡的视界范围之外的区域可以逃脱。

事实上，当我们现在坐在这里，平静地喝着茶时，真空衰变完全有可能已经发生。也许我们很幸运，这个泡在我们的宇宙视界范围之外，吞噬了我

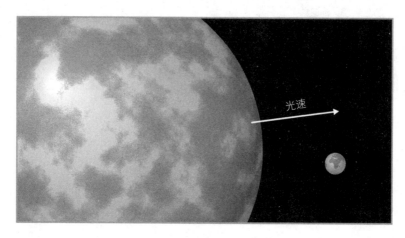

图18 真真空泡。如果宇宙中的某个地方发生了真空衰变事件，它会导致一个泡以光速向外扩张，摧毁其路径上的一切。

们永远不会知道的星系。或者，从宇宙的角度讲，它就在隔壁，正带着可以用相对论解释的隐蔽性逼近，终将在须臾之间捉住毫无察觉的我们。

✺ 捅马蜂窝

你不应该担心真空衰变。真的。原因有几个。当然，有一些是显而易见的：如果它正在发生，就没有办法阻止；你不可能知道它即将发生；它又不会造成痛苦；也不会有谁幸存下来思念你。所以，担心它有什么意义？你还不如仔细检查你的烟雾报警器电池，以及，比方说，呼吁关闭煤电厂之类的。但是，如果出于某种原因，这还不足以让你放心，我也可以有把握地说，真空衰变是极不可能发生的——至少，这话在未来许多万亿年内都成立。

从理论上讲，真空衰变有几种发生的方式。最直接的是某种高能事件。你可以把它理解为一次地震，把鹅卵石从它的凹槽中震出来，让它坠落到谷底。幸运的是，这种情况中的"地震"必须强大到不可思议的程度。我们做过的最佳估测表明，该事件的能量必须比我们在宇宙中目睹的最具破坏性的爆炸更大，而且肯定比我们用大型强子对撞机这样的人造机器可能做到的事情高出很多个数量级。如果我们担心这个，那么我们可以在如下事实中再次求得安慰：无论是过去还是现在，宇宙中的粒子碰撞一直在产生着远高于大型强子对撞机或任何其他人造机器可能达到的能量，所以只要我们还没有在眨眼间消失，我们那些现代版的"石头"对撞行为就真的不会造成任何威胁。

创造一个能量高到足以直接触发真空衰变的事件的难度，取决于我们的假真空和真真空之间的势垒的高度。回到鹅卵石卡在凹槽里的画面，势垒就是竖起来使凹槽呈口袋状的那块地方。在我们目前对希格斯势的真实形状的最佳猜测中，这个凹槽是很大的，与更深的真真空谷地之间隔着一道非常高的山脊。将鹅卵石踢过山脊（或者说将希格斯场推过其势垒）所需的能量非常高，因此基本上用不着担心。

除非……我们生活在一个不遵循这些规则的宇宙中。我们的宇宙从根本上是基于量子力学的，而在量子力学中，如果你生活在亚原子尺度上，你从一个地方到另一个地方的路径（在极为罕见的情况下）可能会让你毫不费力地直接穿透固体。如果你站在一堵墙前，你也许不需要获得足够的能量跳过它，而是可以直接穿过它。特别是当"你"是希格斯场的时候。

143

✵ 通往深渊的隧道

量子隧穿听起来就像科幻小说，或者物理学家们坐在那里一边谈笑风生一边用难以理解的方程式构成的晦涩理论。这么说吧，量子力学认为，你永远不可能真正确定一个粒子在哪里，或者它在运动时采取什么路径。这意味着，要想得到数学上的结果，你必须写下并计算所有的路径，甚至是那些让粒子从实验室的一端出发，途经三个城市之外的某家咖啡馆抵达另一端的离奇路径。但这并不意味着粒子真的会那么做，对吗？

实际上呢，关于粒子确切行为的问题出乎意料地难以回答，并引发了关于量子力学解释长达几十年的辩论。粒子在 A 点和 B 点之间的旅程中去了哪里，仍然是一个谜，就像粒子一经测量就表现为局部的小物体，但仍然遵守着在空间中传播的波的数学原理，这到底意味着什么？

数据往往会得到大家的普遍认同，而数据非常清楚地表明，隧穿看似不可逾越的障碍是粒子日常非常乐意做的事情。无论粒子在这期间到底去了哪里，很明显，一堵墙是无法阻挡它的。这种逃逸艺术是粒子的正常行为，以至于设计手机和微处理器等器物的人必须考虑到这样一个事实：每隔一段时间，一个原本乖巧的电子就会突然出现在芯片的错误端。一些技术，包括闪存，偶尔也会利用这一点。扫描隧道显微镜几乎像阀门一样利用隧穿效应，将电子缓慢地滴到表面上，获得单个原子的图像。

让电子溜过窄间隙或挤过绝缘屏障是一个很好的派对把戏，然而当你意识到能做到量子隧穿的不仅有粒子，还有场的时候，它就现出了极其不祥的面目。像希格斯场这样的场，与真真空谷之间隔着一个它可以径直隧穿的势垒。挡在我们温和友善的宇宙和终极宇宙灾难之间的唯一屏障突然看起来没那么牢固了。

好消息（就算是好消息吧）是，像量子隧穿这么奇怪的现象实际上也遵循某些规则，至少在涉及它的预期发生率时是这样。隧穿事件发生的概率基于系统的物理特性，这意味着，我们可以非常清楚地知晓，在一个设定的时间段内，它发生的可能性有多大。它并不是完全的自由发挥。量子力学也许很难完全理解或解释，但它至少是可以计算的。

但我们计算的那些"规则"并没有呈现出任何比概率更令人放心的形式。我们不能自信地说，希格斯场不会在接下来的30秒内穿越势垒，在你身边创造出一个量子死亡泡，引发无法想象的毁灭过程，撕裂空间直到永远。我们可以说的是：这种情况是极其不可能发生的。（至少，在接下来的30秒内是极其不可能发生的。如果我们的真空确实处于亚稳态，严格来说，泡终将出现。）

我们手头最好的计算结果表明，我们周围这个温馨怡人的真空环境不太可能在短期内发生彻底的重新安排——截至写作本书的时候，最新的估算给了我们超过10^{100}年的时间。到那个时候，我们很可能已经进入热寂的过程，或者如果我们非常不幸，可能会在大撕裂中化为齑粉。如果事情到了那样的地步，也许瞬间无痛的消亡看起来也没那么糟糕了。

因此，严格来说，我不能肯定地告诉你，真空衰变不会马上发生。我也不能肯定地告诉你，在我们太阳系的某个地方，或者在银河系的另一边，或者在另一个星系，还没有出现一个以光速扩张的泡，在我们说话之时悄然袭来。但我可以告诉你，如果你想给你那些疑神疑鬼的想法列个优先级的话，在你的一生中，你更有可能被闪电、失控的汽车、横冲直撞的牛群甚至流星击中，而不是自发出现的真真空泡。

不过，还有一件事。

我们已经探讨过这样的事实：我们不能用高能粒子碰撞产生我们自己的真空衰变泡，而且自发隧穿事件可能性太小，我们也许应该非常努力地忘记当初听说过它。但是最近，物理学家想出了另一种用真空衰变毁灭宇宙的方法，我不得不说这种方法非常酷。

✸ 小而致命

2014年，露丝·格雷戈里、伊恩·莫斯和本杰明·威瑟斯，在以前针对这个课题的研究工作的基础上，发表了一篇新的论文，引起了我的注意。它论述道，自发的真空衰变虽然慢得遭人厌弃，但黑洞的存在可以大大加快这一过程，总体上会使事情更有趣。事实上，他们认为，真正危险的是小黑洞，因为粒子大小的黑洞可以极大地增加真空衰变在它们上面发生的机会。也许我们不必等待 10^{100} 年。

它的作用原理类似于在潮湿房间里的一粒尘埃周围凝结出一滴水，或者高层大气中云的形成。尘埃是一个成核点，它将该点与其他点区分开来，并使成核过程更容易发生。在云和水滴的例子中，如果可以先黏附在其他某个东西上，水分子相互之间也就会更容易黏附在一起。因此，在原本可以一切如常的环境中，一个杂质便能引发连锁反应。事实证明，微小的黑洞也可以成为真真空泡的成核点，但前提是它们非常小。

对宇宙来说，幸运的是，基于我们目前对引力物理学的理解，微小的黑洞并不容易形成。一般来说，我们认为黑洞只在质量大于太阳的情况下才能形成，作为大质量恒星在其生命末期坍缩的结果。这些黑洞可能会通过吸纳物质或相互合并而增长到更大的质量，但缩小则完全是另一回事。它们只能通过蒸发失去质量（见第4章），而这需要很长时间。一个质量像太阳一样大的黑洞预期寿命在10^{64}年左右。在这段时间结束前的某个时刻，黑洞可能会小到足以引发真空衰变，但在我们真正需要担心这个问题之前，还有相当长的一段时间。也有人假设，在早期宇宙中，由于热大爆炸过程的极端密度，可能已经有微小的黑洞形成了，但到目前为止，我们还没有找到任何相关的证据。不过，如果它们真的形成了，而且如果小黑洞真的能够破坏真空的稳定性，我们也就不会存在了。因此，如果我们考虑到这一点，并相信真空衰变的可能性，那么任何预测微小原始黑洞的理论肯定都是错误的，因为我们还存在。

出于兴趣，我们中的一些人也一直在琢磨，是否有办法制造那些小黑洞，而不需要它们从宇宙伊始就存在。制造小黑洞并不是一个新的想法。除了以一种可怕的理论方式表现出十足的可爱之外，这些迷你怪物还可以让我们了解到引力的作用原理，黑洞是否真的会有那种很酷的蒸发行为，乃至是否可能存在我们无法看到的其他空间维度。

多年来，物理学家一直在仔细筛查来自粒子对撞机的数据，希望看到一些蛛丝马迹，表明质子之间的某次碰撞成功地将很多的能量注入很小的空间，使其立即坍缩成一个微观的黑洞。根据不考虑真空衰变可能性的传统思维，那个黑洞即便出现，也应该是无害的。理论上，它应该立即通过辐射蒸发，即便没有，它也很可能以相对论性速度向某个方向移动，从而在很短的时间内远离我们，因为碰撞的时机和准确度永远不可能得到完美的控制，从而使产生的粒子完全停止。此外，对发生在粒子对撞机中的那种碰撞来说，要能够产生微小的黑洞，亚原子粒子感受到的引力必须比爱因斯坦的引力定律所计算出的更强。而据我们所知，这种情况若要发生，唯一可能的原因是存在额外的空间维度。我们将在下一章中详细讨论这个问题，不过简而言之，拥有多于我们通常熟知的三维空间的维度，可以使引力在非常小的尺度上更强一些，从而使大型强子对撞机制造小黑洞成为可能。

因此，如果我们能在大型强子对撞机中制造出黑洞，我们就有证据证明空间的维度多于我们认为的。如果一个物理学家正在追寻新理论令人兴奋的蛛丝马迹，那么对他来说，这似乎是一个绝妙的消息！当然，如果我们在大型强子对撞机中试图制造的那些小黑洞能够触发真空衰变并导致宇宙终结，那就可惜了。

幸运的是，它们不能。这是我们物理学家有史以来最接近绝对确定的一件事。证明它们无罪的主要理由是，如前所述，宇宙射线造成的碰撞可以比我们在自己的对撞机中看到的强大得多。如果我们可以把质子撞在一起形成黑洞，那么宇宙已经那样做了无数次，而且，瞧好了！我们还在这儿！所以说，要么根本没有黑洞被制造出来，要么它们一直都是无害的。

另一个理由是，似乎存在一个质量阈值，微小的黑洞必须达到这个阈值才会有哪怕假设性的危险。粒子对撞机可以制造的黑洞类型将安全地低于这个水平，太空中的许多碰撞很有可能也是如此。作为附带的好处，我们中的一些人[1]已经在努力将这一事实及我们的持续存在，用于论证额外维度可

---

[1] 这里的"我们中的一些人"具体指的是，2018 年在《物理评论 D》上合作发表论文的我和我的同事罗伯特·麦克尼斯。那是一篇有趣的论文。

能的尺度肯定存在限制。(就我个人而言，作为一个对测试不同物理学理论感兴趣的宇宙学家，能够把宇宙末日的缺失作为一个数据点，还是很有意思的。)

那么，我们现在都知道了些什么？我们已经探讨的所有其他可能的宇宙末日至少给我们提供了一点小小的安慰，那就是它们都在遥远的未来，以至于我们可以满怀信心地把它们留给在我们消亡之后可能居住在宇宙中的任何后人类实体去担心。真空衰变的特殊之处在于，严格来说，它随时可能发生，即使发生的概率在天文学意义上极低。它还带有一种独特而极端的、几乎毫无来由的终极结局。

1980 年，两位理论物理学家西德尼·科尔曼和弗兰克·德·卢西亚计算出，一个真真空泡内，不仅粒子物理学完全不同(而且致命)，而且其空间就性质而言也是引力不稳定的。他们解释说，一旦泡形成，里面的一切都会在几微秒内因引力而坍缩。然后他们写道[1]：

> 这是令人沮丧的。我们生活在一个假真空中的可能性从来就不是一个令人振奋的想法。真空衰变是终极的生态灾难。在一个新的真空中，有新的自然常数。在真空衰变之后，不仅我们所知的生命是不可能的，我们所知的化学也是如此。然而，人们总是可以从这样一种可能性中得到安慰：也许在新的真空存在的那段时间内，哪怕没有我们所知的生命，至少也能存在某种能够体会快乐的结构。这种可能性现在已经被排除了。

_____

[1]　对我说来，这段探讨是我在学术期刊上见过的最美丽的物理学诗篇之一。

✸ 无知的快乐

当然，相对而言，真空衰变是一个相当新的想法，它包含了许多种类的极端物理学，人们完全有理由相信，我们对它的看法将在未来几年内发生巨大的变化。可能更详细、更严格的计算会给我们不同的答案。这些问题是困难而复杂的，在达成共识之前，我们仍有很长一段路要走。

如果我们得出结论，我们的真空确实是亚稳态，这就可能与宇宙膨胀理论不相容。暴胀期间的量子波动，以及之后的环境热量，似乎足以在宇宙的最初时刻触发真空衰变，从而否定我们的存在本身。很明显，这并没有发生。这表明要么我们不了解早期宇宙，要么真空衰变根本就不可能。

无论你是否相信早期宇宙理论，认真对待真空衰变都有赖于对粒子物理学标准模型寄予极大信任，而我们知道标准模型并不完整。暗物质、暗能量，以及量子力学和广义相对论的不相容性，都表明宇宙中远非我们目前所能写下的理论所能概括。无论取代标准模型的会是什么，它都可能打消我们对任性的量子死亡泡哪怕最细微的担心。

也有可能，它作为基础物理学的增补，将揭示出全新的宇宙终结方式。额外空间维度的可能性（就是让那些希望制造微型黑洞的对撞机物理学家心里发痒的可能性）将宇宙扩展到新的未知领域。就像到达了地图边缘的探险家一样，我们伸出手去，不知道会发现什么。更高的空间维度可能使我们能够解决引力理论中一些长期存在的问题，但是它们也伴随着一个警告，被潦草地写在不断增长的宇宙地图的边缘：此处有怪物。

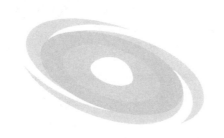

第 7 章

大反弹

哈姆雷特："哦，上帝啊，若不是因为我总做噩梦，哪怕被束缚在一个果壳里，我也会自认无限空间之王。"

——威廉·莎士比亚，《哈姆雷特》

2015年9月14日，世界标准时间上午9时50分45秒，在那极其短暂的一瞬间，你长高了一点点。

在穿过你之前，引力波波峰已经在宇宙中穿行了13亿年，一路在身后留下了扭曲的空间。它是由两个黑洞的暴力合并引发的，每个黑洞的质量大约是太阳的30倍。你可能没有注意到这次长高，毕竟你增长的身高还不到质子直径的百万分之一（图19），但是激光干涉引力波天文台（LIGO）的物理学家注意到了。对引力波的首次探测是数十年探索的高潮，它需要新技术的开发和实验物理学史上最灵敏设备的建造。最终，探测到的那些时空中的涟漪被誉为对爱因斯坦广义相对论的最终证明。

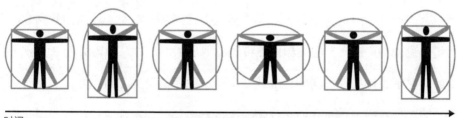

时间

图19　引力波经过时产生的效应示意图。引力波迎面袭来时，每经过一个波峰，它会在垂直方向上拉伸它所经过的空间，同时在水平方向上挤压它，然后做一次相反的事情。如果你在波的路径上，你会交替地变高变瘦、变矮变胖，一次又一次，直到波完全穿过。你的身体被拉伸的幅度只有不到质子直径的百万分之一。

但更重要的是，它是一个新的天文观测时代的来临。它为人类开辟了一种观察宇宙的全新方式。相较于从遥远的源头收集光或高能粒子，我们现在还可以伸出手去感受空间本身的振动。一扇窗首次被打开，透过它，我们得以观察到遥远之处那些可以撼动现实基础的宇宙暴力。

自从有了第一次发现以来，引力波天文学继续向我们展示了黑洞和中子星的旋进和灾难性合并，并使我们对引力运作方式的研究达到了前所未有的精确度。但是，引力波还可能蕴藏着理解某些更基本问题的关键。它们可能会更新我们对宇宙的形状和起源的看法，还为我们提供了一种可能性，使我们得以确定宇宙之外是否存在着某种东西，一些可能最终摧毁一切的东西。

✵ 引力无法承受之轻

我们早就知道，引力一定有问题。它运作得太完美了。到目前为止，爱因斯坦的广义相对论在每一种接受测试的情况下都表现完美。几十年来，物理学家们一直试图在某个地方（无论何处）找到某种偏差，让我们看到爱因斯坦理论中的简洁①方程是如何不可避免地崩溃的。在某个地方，在某种极端的情况下，比如在黑洞的边缘或在中子星中心的粒子之间，方程一定有某种缺陷。到目前为止，我们在任何一次搜索中都没有发现这种缺陷，但我们确信它一定存在。

我们有充分的理由怀疑。与其他力相比，引力是一个怪胎。从数学的角度来看，它与其他力完全不同，而且太弱了。当然，如果你凑够了一个星系或一个黑洞的质量，它看起来还是相当强大的。但是在日常生活中，它很容易成为你遇到的最弱的力。每次你举起咖啡杯时，你就克服了整个地球的引力。要想让引力可以和将原子聚作一团的原子力和核力相提并论，你要把整

---

① 这里的"简洁"可能是视角方面的问题。处理广义相对论的方程需要对微分几何有深刻的理解，而只有在读物理学或数学专业的研究生时，你才会学习这门课程。不过，如果你正是这样的人，这些方程对你来说就会像做工精美的玻璃一样优雅而透明。

个太阳的质量放到一个城市那么大的东西里。

不过，不同力之间的比较不仅仅在于强度测试。在极高能量的环境中，所有的力都可以用某种方式重新归纳为同一事物的不同方面，这一想法被普遍认为是真正理解物理学运作方式的关键。我们寄望于存在某种终极理论（一个关于一切的理论），将粒子物理学中的所有力和引力结合起来，从而解释一切。

但到目前为止，引力还是不愿意配合。我们有一个坚如磐石的弱电理论（电磁力和弱力的统一），并得到了实验的证实。对于将弱力和强力结合起来的大统一理论，我们也找到了一些颇有希望的线索。但是，每当我们试图引入引力时，它的软弱无力就会毁掉整个场面。除此之外，引力理论和量子力学（描述了所有其他力的运作方式）在预测诸如黑洞边缘会发生什么之类的事情时，也表现出了明显的分歧。找到一种使引力归顺的方法，对我们来说将是巨大的帮助。

因此，这里似乎有几个选择。一个明显的选择是干脆放弃统一的想法，就让引力做理论中"颜色不一样的烟火"，与物理学的其他部分无关。完全有可能不存在万物理论，也就是说我们永远无法以任何合理的方式把一切拼凑在一起。但是仅仅敲下这些文字就会让物理学家心烦意乱，所以也许我们可以把这个想法暂时放在一边，放在写着"紧急情况下打碎玻璃"字样的柜子里。

一个更加具有吸引力、更加激发心智的想法是，问题出在我们的引力理论上：广义相对论有待被改变或取代，等到这样的事情发生时，一切都将合为一体。在这个方向上，不乏引人注目、动机明确的尝试。量子引力理论一直是理论物理学家的热门话题，其中的弦理论和圈量子引力是最著名的例子。他们试图找到一种方法将粒子物理与引力相结合，并将其与弦联系起来。或者圈，你懂的。在每一种情况下，你最终都会得到一个可以量子化的引力理论，用粒子和场而不是力或空间曲率来表达。这些粒子和场与量子场理论中那些解释夸克、电子和光子，以及整个亚原子世界之间相互作用的粒子和场和谐并立。在这个场景中，引力将是被称为引力子的粒子交换的产物，就像电场是由于光子在物体之间移动而产生的一样。而引力波（目前被我们认为是时空的拉伸和挤压），也可以被设想为表现出波动性质的引力子的运动。

不幸的是，历经几十年的艰苦工作和异常复杂的计算，我们仍然没有确立一个被物理学界广泛接受的理论。目前已经提出的观点不仅没有得到粒子实验的证实，我们甚至不清楚它们能否得到证实。理想情况下，我们会写下两种理论，然后算出它们针对一些实验（比如大型强子对撞机中正在开展的那些）做出不同的预测。但是，如果只有在能量比大型强子对撞机所能产生的还要高几个数量级时，理论的效果才能明确，那么区分它们将是一个挑战。这迫使物理学家提出了各种解决方案，从旨在缩小可能宇宙的总范围的抽象论证，到关于如何在可能永远不会出现实验证据的理论领域取得进展的哲学辩论。

对我们这些对新数据抱有更大希望的人来说，最有希望找到万物理论线索的地方很可能在宇宙学中，特别是对早期宇宙的研究。如果你需要超高能量下粒子相互作用的数据，那么找到研究大爆炸的新方法通常会比尝试建立一个太阳系大小的粒子对撞机要容易。

　　我们已经在朝这个方向努力了。到目前为止，我们只观察到了少数几个无法在粒子物理学标准模型（或者其非常小的修正）中解释的物理现象。那些大家伙，暗物质和暗能量，得到了观测证据的有力支持。但这些证据绝对都来自宇宙学和天体物理学。弄清楚这些神秘的宇宙成分是什么，以及它们的性质，可能是我们搞清楚理论下一步应该如何发展的最大希望。

　　另一件将我们引向宇宙学的事情是宇宙中物质和反物质之间奇怪的不平衡。我们目前的理论表明，物质和反物质应该等量存在，而我们行走世间的经验以及我们避免被接触到的任何事物不断湮灭的能力表明，普通物质以非常大的优势获胜了。事情何以至此，仍然是一个谜，但这个问题的线索可能存在于对早期宇宙（这种不对称性最初出现之时）更深入和更详细的研究中。

　　无论我们最终在哪里寻找数据，在寻求万物理论的过程中，我们有两种相互补充的方法。一种是研究我们在自然界已经观察到的不符合既定物理理论的现象，以便能够建立更好的新理论来解释它们。另一种便是尝试打破既有的理论，写下可能尚未被测试的假设性极端情况，看看我们能否找到一种新的方法来检视数据，从而知道理论在那种情况下是否仍然有效。这两种方法的结合，差不多就是一直以来我们在物理学领域取得进展的方式。我们就是这样，从在日常情况下表现极其良好的牛顿引力发展到了爱因斯坦的广义相对论。对一个从斜面上滑下的木块来说，广义相对论是大材小用了，但是要想解释太空中极大质量天体周围光的弯曲或太阳引力阱中水星轨道的微小变化，广义相对论绝对是必不可少的。

　　牛顿引力理论必须被取代，这样我们才能转向更高级的广义相对论。现在轮到广义相对论被下一个大家伙取代了。

然而，广义相对论对这些努力的抵制非常顽强，我们最终可能不得不重新安排整个宇宙。

✳ 创造空间

在《星际迷航：下一代》的一段经典情节中，经过一系列复杂的事件，克鲁舍博士最终成了飞船上唯一的人，而飞船则被困在某种奇怪的朦胧泡中。发生了很多奇怪的事情，包括其他船员的突然失踪，而且这一切都与传感器的读数不一致。她凭借自己的医学知识判断，她很有可能是出现了幻觉。但当她接受的医疗诊断未能发现任何问题时，她得出了下一个合乎逻辑的结论。"如果不是我出了问题，"她说，"那也许是宇宙出了问题！"结果（不好意思，要剧透了啊。不过这一集是在1990年首次播出的，你有30多年的时间来观看），她是完全正确的。

一段时间以来，某些物理学家一直在怀疑，引力那种不协调的孱弱也许正在迫使他们得出类似的结论。说不定引力的强度并没有什么问题。说不定是宇宙出了什么问题，使引力看起来比实际上更弱。

是什么能使引力看起来很弱？这个问题的答案也许会平淡得让人意外：它在泄漏，漏进了另一个维度。

情况是这样的。你可能知道，我们通常认为宇宙有三个空间维度（东西、南北、上下）。在相对论中，我们把时间也算作一个维度，而且我们谈论位置是以四维时空为框架的（空间中的一个位置和过去－未来连续体中的某个时刻）。在"大额外维度"场景中，还有我们无法进入的另一个或几个方向。我们这个时空的所有空间部分被限制在一个三维的"膜"中，而一个更大的空间在它之外沿着某个（或者某些）新的方向延伸，我们人类有局限的大脑只能从数学上对那个（或者那些）方向进行概念化。我还应该说一下，"大额外维度"中的"大"字可能会造成一定的误解。一般来说，如果我们的宇宙确实有额外的维度，它在我们通常的三维空间中也许是无穷大的，但在新的维度上延伸并不超过1毫米。（想象一张又大又非常薄的纸，它实质是一个三维物体，尽管它的两个维度要比第三个维度大得多）。但是粒子物理学家习惯于测量能让原子显得很大的距离，对他们来说，毫米与千米也差不了多少。因此，我们称膜之外的额外空间为"体"。

在这种场景中，粒子物理和引力的作用仍然存在根本的区别，但这不是因为它们的内在强度。区别在于，粒子物理学中的所有自然力（电磁力和强、弱力）都被限制在膜内。对它们来说，更大、更高维的体并不存在。但是，引力却不受那么多限制。引力直接作用于时空，而这包括我们的三维膜之外的时空。因此，由我们这个空间中的大质量物体产生的引力，因为渗入了体而失去了一小部分表观强度，就像墨水渗入一张纸后逐渐变淡一样。与我们熟悉的维度相比，新的维度太小了，这意味着这种泄漏其实并不容易被注意到，除非你在毫米级距离上测量物体的引力效应，而那是极难做到的。毕竟，在大多数情况下，假如你在一个物体附近，然后远离它1毫米，你并不会注意到你对它的引力有明显的减少。

不过，一旦你弄清楚如何在毫米尺度上进行测量，你就可以验证引力的减少是否符合你根据标准方程所做的预测。我们接着拿纸上的墨水打比方，如果你把好几升墨水滴在一张纸上，看起来你还是有那么多墨水。但是，如果你以滴为单位进行测量，你会注意到它浸入纸张纤维时的损失。如果额外维度只有毫米级的尺度，而你在这种尺度上也有能力测量引力的变化，那么你因额外维度体而损失的引力值就与你试图检测到的值相当了。你会看到引力强度的下降速度比你在没有泄漏的空间中根据广义相对论预测的更快，这将很明显地体现有些事不太对劲。

到目前为止，尽管我们越来越精于在非常小的尺度上测量引力，但针对引力的羸弱，我们仍然没有拿出其他获得广泛支持的解释，也没有发现任何可靠的迹象表明这种泄漏确实在发生。额外维度从理论的角度来说也许挺吸引人，但它的存在仍然更倾向于一种诱人深思的可能性，而不是我们的宇宙业已得到确认的特征。另外，那些最有说服力的、用泄漏解释引力羸弱的理论差不多都已经被排除了，因为它们预测的变化都在我们应该能够探测到的范围内，所以寻找额外维度的最初动机已经消失了。尽管如此，我们仍在继续寻找，因为如果额外维度确实存在，它将为我们提供一个关于引力和宇宙的全新观点。如果我们的整个宇宙确实是在一个更大时空内的膜上，这就带来了一种可能性，即存在其他的宇宙，也许就在附近的膜上，而且它们的引力有可能影响我们的宇宙。更为戏剧性的是，膜之间的相互作用可以为我们的宇宙提供一个新的起源场景。以及，毁灭场景。

欢迎进入：火劫宇宙。

✵ 宇宙的掌声

我第一次接触到关于宇宙起源（和归宿）的火劫场景，是在剑桥大学的一场非常吸引人的物理学讲座上，演讲者是该理论的提出者之一尼尔·图罗克。第二次是在一篇关于外星人的科幻故事里。为解决早期宇宙物理学中的复杂问题而发展出的有些深奥的理论框架并不经常出现在小说中，所以这在当时是一件新鲜事。故事题为《混合信号》，作者是洛里·安·怀特和肯·沃顿，讲述了一系列最终似乎与引力波有关的奇怪事件。具体来说：奇怪的强大引力波太有规律了，不可能来自通常会被怀疑的来源——黑洞或中子星的碰撞。最终，主角们发现这些波是智能生物发出的信号，是从另一个膜通过高维体发出的。作者甚至还提到了火劫模型，并解释道，在这个理论中，我们的宇宙只是高维空间中的几个三维膜之一，能够穿越高维空间的只有引力。而如果引力可以穿越体，那么引力波就可以成为一种极好的膜间通信机制。

虽然从技术上讲，邻近膜宇宙中存在其他文明的可能性从未被排除，但该假说的主要目的是解释这个宇宙的起源和毁灭。在参加那次讲座及阅读科幻故事之后不久，我与保罗·斯坦哈特一起完成了关于早期宇宙物理学的博士论文，火劫模型就是他与尼尔·图罗克共同提出的。虽然我更关注其他解释宇宙起源的理论，但在小组会议和讨论中，我会时不时地遇到火劫场景。（不知何故，外星人从未真正出现。）

自那时起，火劫方案又经过了修改和概括，最新的版本根本不包括额外维度。但是，正如科学界经常发生的那样，一个也许最终没有走通的新想法仍然有可能激发人们对问题的不同思考方式，它可以引导我们走向一个全新的（希望是更好的）方向。因此，让我们从最初的想法开始吧。毕竟，它确实向我们展现了一种可能出现的令人震撼而着迷的宇宙结局。

术语"火劫"（ekpyrotic）来自希腊语，意思是"大火"，指的是在这个场景中宇宙火热的起源和最终死亡。在标准的非火劫故事中，宇宙一开始有一个暴胀期[1]，我们在第2章中讨论过它。在最初的极短时间里，暴胀导致了宇宙的急剧拉伸。之后，造成拉伸的物质（我们称之为暴胀场[2]）的衰变将大量的能量注入宇宙，为热大爆炸"热"的阶段做好了准备。另外，在火劫模型的最初版本中，早期宇宙被两个相邻三维膜的剧烈碰撞所加热，其中一个膜包含着后来成为整个宇宙的物质。碰撞之后，这两个膜分道扬镳，慢慢地在体上彼此远离，并不断膨胀。但它们还会重逢。火劫场景是一个循环场景，宇宙的创造和毁灭一次又一次地发生。

我个人认为，如果你采用物理学家工具箱中最古老的工具——比画手势，那么整个事情就更容易理解了。

假设，你的左手是我们生活在其中的三维宇宙。（显然，这些都不是按比例来的，毕竟这是在比画手势。）你的右手是另一个"隐藏"的膜[3]。首先，双掌合并，十指并拢，就像在祈祷一样。这就是宇宙创生的时刻。这是引发原始之火的碰撞。在这一时刻，两个膜都充满了密集的热等离子体，如同难以想象的炼狱，锻造着第一批原子，并携带着嗡嗡作响的等离子体波（在我们的膜上），我们随后会将其看作宇宙微波背景辐射的波动。现在，慢慢地

---

① 初稿的理论被大幅重新设计但仍然有用这种情况也适用于暴胀上。暴胀理论的原始版本被广泛认为是天才之作，但最后遭到了完全的失败。它根本解释不通，于是在大约一年内被其他物理学家彻底修改了。它的提出者做得完全正确的事情是，提出了一类通用的解决方案，引发了一场创造性风暴，最终使大爆炸理论获得成功。修改后的版本，也就是我们有时所说的"新暴胀"，成为我们今天所谈论的那种暴胀理论的基础。

② 因为我们喜欢把一切都归结为某种"子"及其对应的"场"。

③ 在官方文献中，这些膜都被称为"世界尽头"膜，因为它们位于空间的边界。这似乎很贴切。

将你的手分开，保持双手平行，并张开手指。膜已经在高维体上分散开来，每个膜中的空间都在以自己的方式独立冷却和膨胀。这个模型中没有暴胀阶段，只有碰撞后的稳定膨胀。它们并没有向彼此之间的体扩张，而是在各自的膜中相互平行地延伸。在我们的膜（你的左手）上，这就是我们今天看到的宇宙。我们无法感知自己正在远离另一个膜，但我们可以看到星系随着我们生活的三维空间的膨胀而逐渐远离，我们的宇宙变得越来越空旷，向着热寂发展。我们不知道在你的右手，即隐藏的膜上发生了什么。也许那里也有智慧生物，看着他们自己的宇宙在穿越不可见的虚空时日益空荡。也许他们有会说话的小狗。也许那是一个安静、荒凉的地方，那里的物质不知为什么一直没能学会将自己变成生命。除非我们以某种方式探测到来自隐藏的膜的引力波信号，否则我们可能永远不会知道它的真实性质，或者它是否存在。

现在，让你的双手再次慢慢靠近，然后突然将它们重新并拢（拍手鼓掌）。这一场景表明，在两个膜远离并膨胀到最大限度之后，又被吸引到一起，并再次弹开。这一拍，大反弹，破坏了两个膜上的一切，终结了我们的宇宙，并创造了一个新的大爆炸。两个宇宙都回到了炽热阶段，形成充满了等离子体的炼狱。在这个混乱的状态下，其重生的空间几乎没有丝毫曾经拥有之物的物理残余。现在分开你的双手，再做一次整个循环。再来一次。继续。一个膜世界①火劫宇宙就是一连串永无休止、毁天灭地的宇宙级鼓掌。

---

① "膜世界"一词专指一种存在更高维度的模型，而我们的可观测宇宙位于一个更大空间中的三维膜上。这是多重宇宙的一个类型，但通常当人们谈论多重宇宙时，指的是不同的东西，比如更大的（三维）空间中物理定律可能与我们这里不同的区域，甚至是量子力学的多重世界解释，那就完全是另一回事了。任何允许存在超出我们的可观测宇宙的体积的结论都是一种多重宇宙理论。

✺ 周而复始

我们是否真的生活在一个膜世界上，以及是否有其他的膜存在于某种高维体上，这些问题仍然没有答案。不过，循环宇宙[①]这样一个总体概念还是有一定吸引力的，因为它是极少数有可能替代暴胀并复制其成功的合理方案之一。火劫模型和暴胀理论最终的面目还没有确定——最新的火劫模型根本不需要膜，而暴胀理论的一些版本现在反而需要了。火劫模型和暴胀理论之间的最大区别是，暴胀理论对一些宇宙学问题的解决有赖于在非常早期的宇宙中引入一段快速膨胀时期，而火劫模型则是靠大反弹之前的缓慢收缩。在膜世界模型的情形里，这对应于膜撞到一起的阶段。像暴胀理论一样，火劫模型可能符合我们今天在宇宙中看到的物质分布，并有可能解释为什么我们的宇宙看起来非常均匀和平坦（没有向自身弯曲或具有其他复杂的大尺度几何结构）。如果膜在大反弹之前巨大而平行，那么一切都异常均匀就说得过去了，这意味着爆炸可以在同一时间以同样的方式在任何地方发生，只有些许轻微的量子波动增加了必要的光点，形成了密度较高的区域，而那些区域将成长为星系、星系团及所有的宇宙结构。

然而，与暴胀理论一样，很多理论中的细节仍在研究之中。最大的问题是在大反弹过程中到底发生了什么。是否出现过真正的奇点？还是在没有达到最终最大密度时就发生大反弹，于是某种信息得以在大反弹事件中幸存并进入下一个周期？该模型的最新版本中收缩非常小，所以没有出现奇点。该

---

① 我在这里使用的"循环"和"反弹"多多少少是可以互换的，但反弹模型不一定是循环的，因为也许只有一次 "反弹"：从过去某个历时已久的前大爆炸阶段过渡到我们现在的宇宙，然后自我消亡，之后不再产生新的宇宙。

模型中的收缩不是借助膜之间的碰撞，而是由一个标量场驱动的。它类似于希格斯场，或者（可能）类似于我们认为也许导致了暴胀的东西。该模型确实提供了一种信息可能在周期之间传递的诱人可能性，而且原则上我们终将看到这方面的证据。

这就引出了观测证据的问题。由于火劫模型和暴胀理论都是为了解决同一个宇宙学问题而设计的，因此可能需要一点创造力才能证实或排除它们中的任何一个。迄今为止，我们在宇宙中看到的一切似乎都与标准的暴胀理论相一致，但我们还没有看到它的确凿证据，也没有看到任何可以证明或扼杀火劫模型这一替代方案的证据。关于循环模型在理论上是否比暴胀更有吸引力的争论，已经持续了多年，但是从观测角度来说，这还是一个悬而未决的问题。如果能有一些数据来个盖棺论定，对我们来说将是莫大的帮助。

我们最好的办法可能是找到原始引力波的证据：空间中的大尺度涟漪，不是来自合并的黑洞或中子星，而是来自暴胀时期的剧烈运动，当时正是暴胀场中的量子波动播下了宇宙结构的第一批种子。一旦被发现，它们将是我们可能得到的关于暴胀理论最接近确凿证据的东西。简而言之，宇宙学界曾经在2014年兴奋不已，因为一项名为BICEP2[①]的实验的领导者宣布那种证据真让他们找到了。在观察来自宇宙微波背景辐射的光的偏振时，他们看到了扭曲的图案，而这些图案只可能来自原初之火时期扭曲空间的引力波。人们认为这是一个革命性的发现，诺贝尔奖差不多已经收入囊中了。毕竟，即使不考虑对暴胀理论的影响，它也是对引力波的可靠观测（比LIGO第一次观测到黑洞碰撞早一年多），而且凭借与量子波动的关联，它们是引力的量子

---

① 宇宙泛星系偏振背景成像实验的第二阶段。

性质的第一个证据。

只不过，并不是那么回事。

仅仅几个月后，BICEP2合作项目以外的物理学家和天文学家独立分析了数据，发现那些图案完全可以用更普通的东西来解释：我们的银河系中平淡无奇的宇宙尘埃。如果原始引力波被发现了，它将成为反对火劫模型的证据，因为该模型不包括可能产生引力波的暴胀宇宙振荡。不幸的是，未能发现原始引力波使我们回到了原点。暴胀理论认为原始引力波必然产生，但并没有说它们一定能被探测到。最流行的暴胀模型预测了大量引力波的存在，但是它们产生的信号很可能太弱了，无法与宇宙尘埃带来的干扰相抗衡[1]。因此，尘埃挡住了我们的去路，这一事实证明不了暴胀信号不存在，也证明不了它存在。

不过，我们仍有可能从其他来源获得线索。我们可能会在寻找额外维度的过程中发现支持或反对膜世界的证据，或者我们可能终将发现原始引力波存在的迹象。即使是普通的引力波也可能隐藏着线索，要么向我们展示一个从体中穿行而来的信号（无论是不是超维外星人发送的[2]），要么帮助我们绘制时空结构图（通过观察时空的涟漪）。根据某些研究，来自黑洞碰撞的数据已经对主张引力泄漏到高维虚空的理论造成了打击。目前为止，我们所有的观测结果都与一个只有三个空间维度的普通无聊宇宙一致。

无论我们能否发现额外维度，作为暴胀的替代，循环宇宙的想法可能都

---

① 从技术上讲，根据模型的不同，你可以在慢速收缩阶段的炽热宇宙中得到一些微小的原始引力波。但是它们太弱了，不可能在观测中显形。

② 有人在文献中讨论过隐藏的膜上可能存在物质的想法，但据我所知，还没人讨论过跨体探测黑洞碰撞。也许对于一项严肃的研究来说，这需要太多层次的推测了。不过我认为这听起来很有趣。

会继续具有吸引力。原因之一是熵的问题。所谓熵，就是宇宙中不断增加，并最终导致热寂的无序状态。我们可以计算出可观测宇宙中的熵值，并且可以通过回溯宇宙历史来确定，如果熵在宇宙的生命历程中一直稳步增加，那么它在早期必然是什么样子。结果是，当我们自己的宇宙历史开始时，宇宙一定是起步于惊人的低熵，即高度有序的状态。这个想法让很多宇宙学家非常不舒服。熵在一开始怎么会那么低？这就像你走进一个你确信从没有人进去过的房间，发现一排排的多米诺骨牌躺在地板上，一一堆叠，仿佛它们刚刚依次倒在前面的同类身上。最初它们是怎么被精心摆放的呢？

某些循环和反弹模型的一个主要好处是，它们提供了一个机会，可以将这种初始低熵状态归因于反弹之前发生的一些事情。由保罗·斯坦哈特和安娜·伊贾斯共同对火劫模型提出的最新修订解释了早期宇宙的低熵，实际上就是从反弹前宇宙的一小块区域中提取所有的熵，并将其设定为今天整个可观测宇宙的初始熵。

比起以前版本的火劫模型，这个新模型（它太新了，在本书写作期间才崭露头角）有一些明显的优势。特别是，它不需要额外的空间维度或反弹时的奇点。事实上，收缩可能是相当温和的——宇宙尺寸的减小可能只有原先模型的二分之一。细节（显然）很复杂，但基本想法是，真正循环的是宇宙中的成分组合，以及观察者感知其演变的方式。如前所述，是一个充满宇宙的标量场推动了收缩和反弹，而不是膜的碰撞。

如果这个新的循环模型是对我们宇宙的正确描述，那么在很久很久以后，我们将开始看到遥远的星系停止扩张，并慢慢转身向我们飞来。一开始看起来，场面就像是大坍缩的早期阶段，随着宇宙变得更加拥挤一些，背景辐射开始从"冷"升温到"不太冷"。但就在我们开始认为也许应该担心的时候，标量场将其能量猛烈地转化为辐射并开始宇宙的下一个大爆炸周期，我们便在转瞬之间湮灭于无形。

有趣的是，这个全新流行版本的火劫模型与旧版本的一个共同点是，流浪的引力波可能是一种跨宇宙的信号。在旧版本中，可以想象一些来自另一个膜的引力波跨体而过。在这个版本中，由于宇宙在大反弹过程中从未真正变小，引力波可能从一个周期传到下一个周期。这些信号将非常难以发现，但如果确实存在，它们就可以向我们提供关于过去宇宙的线索。

让我们拭目以待。

当然，并不是只有火劫模型能往我们的宇宙步伐中加入一些反弹。

罗杰·彭罗斯是现代宇宙学的早期先驱，从根本上改变了我们看待宇宙中引力的方式。他也提出过自己关于循环宇宙的想法：我们的大爆炸是从上一个周期的热寂中诞生的。这涉及将一个宇宙遥远未来的时空和另一个宇宙开始时的奇点拼凑起来。几十年来，彭罗斯一直是宇宙学界最显赫的人物之一。他指出了标准早期宇宙场景中熵问题的严重性，而且他不认为暴胀可以解决这个问题。他最近跟我说："当我第一次听到它时，我想，得了，这个理论撑不过一星期。"

彭罗斯的替代模型叫作"共形循环宇宙论"，猜想熵在奇点附近有着不同的运作方式。如果这个猜想是正确的，它意味着在作为我们这个宇宙发端之处的周期边界处，熵会非常低，而且它不需要暴胀。彭罗斯的模型还包含一种有趣的可能性，即在过去的周期中发生的事件有可能在我们的天文观测结果中留下了印记，显现为宇宙微波背景辐射中的特征。事实上，彭罗斯和他的合作者声称，在数据中已经可以看到这种特征的证据，不过有人对此提出了质疑。宇宙微波背景辐射中这些可能的线索，是否会在某一天被视为大爆炸前宇宙存在的一个强烈迹象，还有待观察。

与此同时，火劫模型提出者之一尼尔·图罗克已经转移了方向，潜心研究一个主张大爆炸只是个过渡点的全新宇宙模型。这个想法由拉瑟姆·博伊尔、图罗克和基兰·芬恩提出，其目的是将粒子物理学中的对称性论证提升到宇宙层面。它认为我们的宇宙和另一个时间逆转的宇宙在大爆炸中相遇，就如同两个锥体尖对尖地接触。在近期发表的一篇论文中，他们将这一图景描述为"一对无中生有的宇宙与反宇宙"。锥尖奇点有可能包含其自身对熵问题的解决方案，尽管该模型及其细节（在撰写本书时）仍在发展之中。不管怎样，它还是对暗物质的性质做出了一些具体的预测，因此可能在未来的实验中得到检验。

那么，我们该何去何从？大爆炸是独一无二的，还是不过是一个暴烈的过渡点？我们这个宇宙的存在会不会在另一个宇宙像高维苍蝇拍一样拍在我们身上时戛然而止？来自宇宙学或粒子物理学的数据能否揭示出时空的真正性质？我们离搞清楚我们宇宙的遥远未来有多远，以及我们还需要什么信息才能一劳永逸地回答这个问题？

这一切将如何结束？

一如科学中的一切，我们对宇宙的理解是一项永远在进行中的工作。不过在过去的几十年里，我们取得了非同寻常的进展，新的见解不断涌现。在接下来的几年里，人类将获得新的工具，使我们能够以前所未有的视角观察宇宙的历史，使我们能够拼凑出自己的起源故事，并为大爆炸、暗物质、暗能量及我们的未来轨迹打开新的窗口。在这个故事的最后一章，我们将一窥这些新工具可能向我们展示的东西，以及在物理学发展前沿的工作如何已经向我们指明了一个奇异之状远超我们想象的宇宙。

第 8 章

未来之后

> 沙漏有多大？沙子有多深？我不应该希望知道，但我站在这里。
>
> ——霍齐尔①，《没有计划》

---

① 霍齐尔（Hozier），爱尔兰音乐家、歌手和词曲作者。

　　1969 年，马丁·里斯还没有成为英国皇家天文学家、里斯勋爵、勒德洛男爵。他是剑桥大学的一名博士后宇宙学家，思考着万物的终结。他发表了一篇 6 页的论文，题为《宇宙的崩塌：末世论研究》，他后来称其"相当有趣"。在导言中，里斯解释说，虽然暂无定论，但观测证据表明宇宙确实注定要崩溃，在毁灭性的压缩过程中，宇宙场景的所有结构特征都将被摧毁。对里斯来说，这篇论文有趣的部分原因是，他预测在终将到来的崩塌中，所有的恒星都将被环境辐射从外向内摧毁。谁会不喜欢把星球点着的想法呢？

　　里斯的论点是支持大坍缩的，但几十年来，数据一直模棱两可。宇宙是封闭的（重新坍缩）还是开放的（永恒膨胀）？ 1979 年，普林斯顿高等研究所的弗里曼·戴森决定探索争论的另一面，他说："我不会详细讨论封闭的宇宙，因为想象我们的整个存在被限制在盒子里，会给我一种幽闭恐惧症的感觉。"开放式宇宙模型是一个宽敞宜人的替代选项。在他的论文《无尽的时间：开放宇宙中的物理学和生物学》中，关于开放宇宙对人类可能意味着什么，他提出了定量的预测，并为未来的人类研究出一种方法：当宇宙的其他部分在周围消融时，通过调节人类的活动和进入休眠期，避免湮没于无尽的未来之中[①]。在谈到探讨这个主题的严肃论文很少时，他写道："对遥远未来的研究在今天似乎仍然是不光彩的，就像 30 年前对遥远过去的研究一样。"[②]他继续发出宇宙学上的战斗号召："如果我们对久远未来的分析引导我

[①]　不幸的是，唯一一种允许这种情形发生的开放宇宙模型是没有宇宙常数的，所以就连这个微小的希望之火也似乎被目前的数据扑灭了。

[②]　令人惊讶的是，戴森本人从未提交过自己的论文。这篇论文是由一位朋友代表他投给《现代物理学评论》的，而且并未征得他的同意。戴森最近告诉我："我并不认为它值得发表。"他觉得这篇文章不适合该杂志。"这始终是一个观点问题。"他补充道。

们提出与生命的最终意义和目的有关的问题，那就让我们大胆地审视这些问题吧，不要感到尴尬。"

我不能说，经过了这么长时间，宇宙末世学终于得到了作为一门学术学科应有的尊重。在物理学文献中，以我们的终极命运为课题，且严谨性和深度堪比对我们起源研究的论文仍然相当少见。但是，对时间线两端的各种研究以不同的方式助力于我们对物理理论原则的审视。除了为我们的未来或过往提供建议，它们还可以帮助我们理解现实本身的基本性质。

"通过思考宇宙的终结，就像思考它的开始一样，你可以锻炼自己对于当前正在发生什么，以及如何据此进一步外推的思考。我觉得基础物理学的外推是至关重要的。"伦敦大学学院的宇宙学家希拉尼亚·佩里斯说。2003年，她领导的团队解读了第一张宇宙微波背景辐射的详细图像（来自威尔金森微波各向异性探测器卫星）。从那时起，她一直工作在观测宇宙学领域的前沿阵地。近年来，她把目光投向了利用观测数据、仿真和桌面模拟来测试早期和晚期宇宙物理学的一些关键因素，如宇宙暴胀中"气泡宇宙"的产生和真空衰变背后的动力学。在针对这些问题的研究工作中，她保持着相同的动机。"我知道这段时期需要被理解。我们还不清楚，现在所做的研究如何直接映射到这些时期，但我认为通过做这项工作，我们能够对基本理论有一些了解。"

我们当然还有很多东西需要学习。宇宙学和粒子物理学目前处于一个尴尬的位置。在某些方面，两者都是其自身成功的受害者。在这两个领域中，我们对世界都有非常精确和全面的描述，而且未曾有过任何与之矛盾的发现。从这个角度来说，这种描述非常成功。问题是，我们不知道它为什么成功。

　　宇宙学的统治模式被称为"协调模型"（ΛCDM）。在这一模型中，宇宙有四个基本组成部分：辐射、常规物质、暗物质（特别是"冷"暗物质，CDM）和宇宙常数形式的暗能量（在方程式中用希腊字母 Λ 表示）。这些成分的量都已经得到了精确的测量，其中宇宙常数目前占了宇宙"蛋糕"的最大一块。我们对这些成分如何随着宇宙的膨胀而变化有了很充分的了解。我们对早期宇宙有着惊人的细致描述，其中包括一段非常快速的膨胀期，称为暴胀。我们也有一个久经考验的引力理论，即爱因斯坦的广义相对论。在协调模型中，它被认为是完全正确的。在这一模型中，由于宇宙常数目前主导着宇宙的演变，我们可以直接应用对引力和宇宙组成部分的理解来确定宇宙的演变。推导得出的明确结果是，在遥远的将来会发生热寂。就是这样。

　　协调模型的问题是，其中最重要的元素——暗物质、宇宙常数和暴胀完全是难以理解的。我们不知道暗物质是什么；我们不知道暴胀是如何发生的（或者它是否真的发生了）；我们无法合理地解释宇宙常数的存在，或者为什么它的数值似乎与我们基于粒子物理学的预测相悖。同时，我们还没有在数据中发现任何与模型相矛盾的东西。没有证据表明暗能量以某种方式演化（那样就不能叫"常数"了），也没有证据表明暗物质是任何实验可以探测到的东西（也没有证据表明它不是）。另外，尽管已经通过实验验证一个世纪了，但仍然没有证据表明，引力会有不符合广义相对论的行为。

　　安德鲁·波岑是佩里斯的同事和共同作者（也是我在剑桥大学的前同事）。他从事暗物质的理论研究，并做了一些开创性的工作来解释为什么暗物质在星系中呈现出如此形态。他认为，我们对宇宙学的理解非常准确，因为我们的数据与包括暗物质和暗能量在内的模型非常吻合，而且似乎不太可能突然出现某种改变这一模型的事物。我们知道有多少东西在那里，以及它的行为方式。但是，我们不知道如何将暗物质和暗能量（两者共同构成了宇宙的95%）与基础物理学联系起来。"所以从这个角度来说，我们一无所知。"他这么说道。

与此同时，粒子物理学的场面也几乎同样令人沮丧。早在20世纪70年代，物理学家就发展出了粒子物理学的标准模型，以描述自然界所有已知的粒子：构成质子和中子的夸克，中微子和电子等轻子，以及在粒子之间携带基本力（电磁力和强、弱力）的所谓规整坡色子。尽管有一些细微的调整，比如将中微子从严格意义上的无质量改为质量非常非常小，但标准模型已经取得了巨大的成功，通过了针对它的每一项实验测试。它甚至预测了希格斯玻色子（标准模型的最后一块拼图）的存在。从那以后，在粒子实验中没有发现过任何标准模型没有涵盖的东西。

你会认为这将被誉为一场胜利。理论是有效的！一切尽在我们的预测中！

那么，为什么我们没有坐下来，在辉煌和成功中陶醉呢？

因为从某些方面来说，这是最坏的一种情况。尽管标准模型在匹配实验结果方面很出色，但我们知道，它和宇宙学中的协调模型一样，肯定缺少了一些非常重要的部分。除了对暗物质和暗能量一无所知之外，它还有一些重大的"调谐问题"：某个参数必须被设置得恰到好处，否则一切都会崩溃。理想情况下，我们应该有一些理论框架，来告诉我们为什么某个参数是这样的。当我们发现必须将参数设置为该值的唯一理由是"否则会发生坏事"，或者更糟糕的是"测量结果就是这样的"，那实在令人感到不安。

几十年来，人们一直抱着一个希望：我们能够从确认标准模型的重要方面，无缝过渡到发现其有效性的边缘，并利用我们找到的某个新模型取代它，从而做出新的发现。在20世纪70年代，一个被称为"超对称"（SUSY）的模型被提出，通过假设不同种类粒子之间新的数学联系，并解释标准模型及其参数令人困惑的结构，来解决标准模型一些理论上的小毛病。它还带来了一个诱人的承诺：一大批新粒子（标准模型中那一套粒子的"超对称伙伴"）可能会在粒子碰撞中产生，只不过所需能量比当时的对撞机所能达到的更大一些。SUSY也被广泛认为是迈向弦理论的垫脚石，在将引力理论和量子力学结合成一个统一整体的探索中，弦理论是最主要的方向。

不幸的是，尽管几十年来人们一直在努力改进和升级大型强子对撞机，但SUSY所承诺的粒子仍然无迹可寻。一些物理学家仍然对SUSY抱有希望，他们提出了一些调整，从而预测新粒子更难被发现。但是，到了一定程度，这些调整就显得太极端，以至于SUSY的理论问题和标准模型一样多，而新粒子的迹象仍然不肯出现。时不时地，数据的一些异常之处会引起一阵兴奋的旋风，物理学家急匆匆地解释为什么在某个特定的探测器通道中出现了多于预期的事件。但是，到目前为止，这些异常事件全都被证明只是统计学上的噪点，注定会在下一次数据发布时消失。

芙蕾雅·布莱克曼是一位在大型强子对撞机数据中搜索超越标准模型特征的实验物理学家，她跟我聊过当前的难题。"我在这个领域已经工作了20年，我见证了我自己的万丈激情来了又去，我也看到我参与了构建广受欢迎的模型，然后又放弃了。"她说，"这事要看你与谁谈，有的人幻想破灭……长久以来别人一直在跟他们说，他们应该看到什么。而实验所看到的只是标准模型。"不过，在她看来，这种幻灭感是错误的。不是因为人们错过了真正存在的线索，而只是因为从来没有人保证过通过这些实验会发现什么新东西。

然而，实验没能为我们指明方向的现实还是令人不安的——这足以令一些研究人员完全离开粒子物理学，转而投身宇宙学。牛津大学的宇宙学家佩德罗·费雷拉就是其中之一，他在读博士期间从量子引力理论转向宇宙学，现在他研究天体物理学中的宇宙微波背景辐射和广义相对论，希望能够从中获得一些更加透彻的见解。"自1973年以来，粒子理论没有做过任何引出观测结果的革命性工作。"他说。我们有很多新的理论想法，其中一些非常吸引人，但如果没有明确的实验证据来证明标准模型之外的东西，我们就很难知道下一步该怎么走，或者各种建议中哪些可能是正确的。"这么多美丽的想法出来了。但量子引力的问题我们解决了吗？我认为没有。问题是，就算已经解决了，我们又怎么知道呢？"

幸运的是，没有人放弃希望。我与几十位宇宙学家和粒子物理学家讨论过整个事情的发展方向（这里的"整个事情"指的是理论物理学、宇宙学和实际的宇宙），虽然对最佳途径没有一致意见，但有几个共同的主题。一个是多样化：无论我们决定投资于什么大型的跨国实验或观测项目，重要的是使我们的方法多样化，并提出一些想法，让我们能从一些新的角度看待那些老问题（这同时适用于理论和数据采集）。另一个是继续获得尽可能多的新数据，并以各种方式进行分析的重要性。

克利福德·约翰逊，南加州大学的理论物理学家，研究弦理论、黑洞、空间的额外维度，以及熵的微妙之处。他对纯理论的研究之深入不亚于我认识的任何人，而且他现在对数据非常兴奋。"我的感觉是，我们也许缺乏一种好的单一想法，但我们并不缺乏巨大的数据来源。"他说，"而这让我想起了量子理论行将诞生的那个时代，不是吗？"在那些日子里，理论正在蓬勃发展，有很多关于原子和原子核结构的半成形的想法，尽管没有一个是那么有说服力。"但是我们当时就只是得到了所有这些奇妙的数据，它们最终便开始显现出价值。我看不出来那种情况有什么理由不能再次发生。纵观科学的历史，这就是它的发展方式。"

因此，让我们来谈谈数据。在宇宙学和粒子物理学中，我们正在研究什么，以及如何去理解。数据可能会让我们理解今天的天体物理学，以及它在未来将如何走到尽头。然后，我们再来看看理论物理学家的观点，因为他们现在谈论的一些想法绝对是疯狂的。

✺ 触摸虚空

要想了解宇宙的遥远未来，我们最好研究一下房间里那头巨大而无形、不断膨胀的杀手大象：暗能量。当人们在 1998 年发现宇宙正在加速膨胀时，新的模式将我们完全置于一条通往由暗能量主导的未来的道路上：宇宙逐渐变得空虚、寒冷和黑暗，直到所有的结构衰变，我们抵达最终的热寂。但这只是一种推断，它的前提是：暗能量是一个恒定不变的宇宙常数。正如我们已经探讨过的，如果造成宇宙加速的东西属于幻影暗能量的范畴，或者它以某种方式随时间的推移而变化，那么它对宇宙的影响就会大不相同。

不幸的是，就观察结果而言，暗能量并没有给我们带来很多可以把握的东西。据我们所知，它在实验室实验中是不可见的、无法探测到的，完全均匀地分布在空间中，只有在比银河系大得多的范围内，它的间接影响才能真正被注意到。

一般来说，有两件事我们可以测量。其一是宇宙的膨胀历史，目前我们主要的研究方式是观察遥远的超新星并计算出它们远离的速度。其二是结构形成的历史，这里的"结构"一般指的是星系和星系团，因为如果你是一个宇宙学家，所有恒星和行星之类的小东西都只是令人讨厌的细节。测量这一方面就不那么直截了当了，但可以通过对大量的数据进行创造性地使用而实现。诀窍是在一个巨大的空间（和一大段宇宙历史）中获得尽可能多的星系图像和光谱，并使用统计方法来推断所有这些物质是如何随着时间的推移而聚集到一起的。这两种测量方法结合在一起，我们就可以知道暗能量的空间伸展特性是如何影响整个宇宙的，以及它在多大程度上阻碍了物质聚集在一起并形成像星系、星系团和我们这样的事物。

如果你只有两样东西可以测量，并以此判断整个宇宙的命运，那么为了将它们测量得非常准确而投入大量资金就很有道理了。在过去的几十年里，人们对新望远镜的兴趣激增，涉及暗能量的观测在它们的科研案例中占据了突出的位置。有一些观测的设计思路是，利用对膨胀和结构增长的测量，准确地确定暗能量状态参数 w（在第5章中讨论过）。如果从过去到现在 w 都等于 -1，我们便有一个宇宙常数；如果它能被测出任何大小的差异，我们就有很多诺贝尔奖了。但是，即使你不关心暗能量，或者哪怕你赞成悲观的观点，认为我们注定永远困于一个广义的宇宙常数上，暗能量调查在各类天文学家中也往往很受欢迎，因为它还可以被当作多用途的星系数据收集任务。

　　大口径全天巡视望远镜（LSST）就是一个绝妙的例子。它位于智利沙漠中的一座高山上，口径8.4米，拍摄几百万个超新星和一百亿个星系的图像，每隔几天就能拼凑出整个南半球天空的新图像。这种重复性的巡视对超新星研究来说大有助益，因为它将让我们看到每颗超新星在爆炸的几天内亮度的上升和下降。它对星系的研究也很有帮助，因为它意味着你可以逐夜叠加图像，比其他同类调查看到更暗淡、更遥远的星系。

　　作为旁听者，我最近参加了一场关于行星防御的会议。在会议上，发言者们讨论了针对可能与我们脆弱的小星球发生碰撞的危险小行星，我们需要怎样的观测。至少在南半球天空，LSST将彻底改变我们发现这些东西的能力，这可能使我们更容易找到阻止它们的方法。我从这样的想法中得到启发：通过尝试了解最终将摧毁宇宙的暗能量，我们也许有更大的机会在更短的时间内拯救世界。

　　无论它另外还有哪些用途，LSST在宇宙学方面的价值怎么强调都不为过，哪怕仅仅是因为拥有大量精细的数据，我们也有很大的机会做出一些令人惊讶的新发现。根据佩里斯的说法，LSST将会改变游戏规则。"我们正在以一种不同于以往的方式来观察宇宙。"她说，"每当我们以一种前所未有的方式观察宇宙时，我们都会学到新的东西。"

　　LSST并不是唯一值得兴奋的新观测项目。还有一系列新的望远镜和观测项目即将启动，每一个都准备以我们前所未见的方式向我们展示宇宙。其中最令人期待的是一批新的太空望远镜，如詹姆斯·韦伯太空望远镜（JWST）、欧几里得望远镜和广域红外线巡天望远镜（WFIRST）。WFIRST将利用红外线拍摄深空图像和光谱，帮助我们看到发出的光已经被红移出可见光波段的遥远星系。

就连CMB观测站也在参与暗能量的游戏。我们在第2章中探讨过，研究CMB可以帮助我们了解早期宇宙和宇宙结构的起源。在CMB产生的时候，暗能量在宇宙中完全不重要，它的影响完全被物质和辐射的极端密度所淹没。因此，如果说CMB观测能让我们更加深刻地理解暗能量在今天是如何运作的，也许会有人感到惊讶。关键在于，我们想要研究的所有宇宙结构（每一个星系和星系团）都位于我们和CMB之间，而这些天体中的每一个都会用引力对它所在的空间造成细微的扭曲。

想象一下，你有一张透过一池清水俯瞰池底鹅卵石的快照。即使你不知道每块鹅卵石的确切位置，或者它们的确切形状，你也可以通过留意鹅卵石外观的扭曲来区分非常平静的水和有一些波纹的水，因为你对鹅卵石的大体外观有一定了解。与此类似，我们对CMB已经有了较为透彻的了解，因此至少在统计意义上，我们可以看到其光线由于我们和它之间的所有物质而发生的微小扭曲。这被称为CMB透镜，是研究宇宙结构增长的一个奇妙工具。新的CMB观测站将帮助我们完善这一方法，不过我们已经用CMB透镜制作了一张涵盖可观测宇宙中所有暗物质的地图。虽然这幅地图分辨率极低，非常模糊，就像我们凭借记忆用手指画出来的世界地图一样，但是我们能够做到这一点，还是相当了不起的。

芮妮·赫洛泽克是多伦多大学的宇宙学家，她对暗能量和宇宙的最终命运尤其感兴趣，并尝试利用CMB和星系调查更加透彻地理解我们的宇宙学模型。她指出，随着每个数据集的改进，将LSST和新的CMB观测站等的数据结合起来会变得特别强大。通过使用一种叫作"交叉相关"的技术，我们可以把从星系编目中了解到的单个天体的位置，与从 CMB 透镜中了解到的最大尺度的物质分布进行比较。这可以给我们提供更精确的结果，尽可能地防止我们错过任何偏离协调模型的情况。利用引力变化来模仿暗能量影响的替代理论在综合数据中会显得非常不同。赫洛泽克说："基本上，我认为我们将无处可藏了。"

若是有数十亿个星系的图像在手，你还能看到其他什么很酷的东西？很重要的一个便是强引力透镜，即一个星系或星系团扭曲了它所在的空间，以至于来自它身后的天体的光线被分割成多个图像，或者分散成一条环绕着它的光弧。想象一下，通过一个空酒杯的底部看蜡烛——弯曲的玻璃将光线散开成宽阔的弧线或圆圈，而不是向你显现单一的火焰。引力透镜做同样的事情时，单个图像在扭曲的空间中遵循不同的路径。这意味着，好比一颗超新星在光线受到折射的星系中爆炸，我们可能会先在一幅图像中看到它，然后又在另一幅图像中看到，因为构成第二幅图像的光线花了更长的时间才到达我们面前。

除了做一个美妙的派对把戏①之外，这样的时间延迟测量值给了我们一种测量宇宙膨胀率的新方法，因为所涉及的距离非常大，膨胀成为计算中的一个重要因素。我们迫切需要测量膨胀率的新方法，因为利用目前的方法得出了古怪各异的答案。

你应该记得我们在第 5 章中谈到过，用超新星测量膨胀率（也称为哈勃常数）得出了一个数字，而通过 CMB 的测量得出了另一个。一系列其他的

---

① "看到那颗星星了吗？它将在一年内爆炸。前后误差四个月。看着吧，你会看到的。"（改编自特鲁等人，2016 年，《天体物理学杂志》。）

测量方法都未能解决这一矛盾，结果通常都是偏向某一边。（最近的一个结果介于两者之间，但对任何一方都毫无助益。）引力透镜的时间延迟测量可能是解决这个问题的一种方法，因为有了LSST，我们可以使用的系统的数量将从几个变成数百个。来自LIGO等仪器的引力波测量（在第7章中讨论过）也可以给我们带来启示，并且可能在大约10年之后达到最终解决这个问题所需的精度。

✹ 思考无限制

我喜欢宇宙学的原因之一是，它需要创造性的思考，试图从一个全新的方向接近宇宙的物理学本质。这并不意味着完全不受约束的幻想。你不能随意编造。但你可以（而且必须）做的是不断寻找新的方法来看待问题，以便从宇宙提供的任何数据中获得更多的结论。

当我们面临像"我们如何改进协调宇宙学或标准模型"这样的难题时，这种创造性思维变得尤为重要。到目前为止，我们所尝试的一切都令人沮丧地与预测保持一致。如果不能让当前模型中的某些地方露出破绽，那么我们应该到哪里寻找引领我们发现新模型的线索呢？

克利福德·约翰逊很乐观，他指出，这种缺乏明确方向的情况可能对我们有好处。"我并不确定可以指着哪里说：'这就是未来！'"他告诉我，"我只是觉得我们被驱使去做的事情的多样性可能多少是有益的。"

因此，我们正在扩展思路和做法。有一些无线电调查试图看清从CMB时代到第一批恒星时代之间的宇宙黑暗时代，希望一些偏离协调宇宙学的东西能更鲜明地显示出来。有一些新型的引力波探测器，依靠的是原子间量子干涉和结合脉冲星信号等迥然不同的技术。这些方法也许能以一种间接的方式为我们带来关于黑洞行为或早期宇宙物理学的信息。着眼于寻找暗物质新方法的实验可能会向我们展示如何扩展粒子物理学的标准模型，或者改变我们在宇宙学方面的思维。对CMB偏振的研究可能会向我们展示宇宙暴胀的特征信号，从而完全改变我们对早期宇宙的理解。或者，这种信号的缺失可能会促使我们更多地研究暴胀的替代方案，比如反弹宇宙学。如果暗能量终究不是宇宙常数，那么研究关于真空能量的替代想法的实验也许最终能解决暗能量的问题。甚至有可能，通过几十年的观察，直接测量宇宙的膨胀，方法是长时间监测一个遥远的光源，从而发现它远离我们的表观速度的变化。

佩德罗·费雷拉也对这种方法的多样性持乐观态度。"我认为这一切可能看起来都很专业化，也很碎片化。"他说。但有大量的人突然各自绞尽脑汁想出一些新东西，可能正是我们需要的。"在这种百花齐放中，说不定有人会冒出一个想法：'哦！这就是弄清未来的方法。'"

这样一个程序需要多长时间是另一个问题。如果我们只是在试图区分宇宙常数和其他形式的暗能量，那么我们真的可以说是拥有世界上所有的时间，并且还不止如此。确实没有任何理论认为暗能量将在太阳毁灭我们之前摧毁我们的星球。

但是，真空衰变又是另一回事。粒子物理学的标准模型，也就是通过了我们设计的每一项实验测试的那个模型，将我们置于一个很有风险的位置，就在全宇宙陷入彻底不稳定的边缘。这有多大可能是一种实际的风险，或者是由一个不完整的理论推导出来的怪论，取决于你问的是谁。（声明一下，我问过几位专家，我得到的答案包括"这说明我们的理论是错误的""风险真的很小""也许我们到目前为止只是很幸运"。你自己决定接受哪个吧。）在任何情况下，如果我们想说一些比"担心是没有用的，因为你不会感到任何痛苦"[①]更让人放心的话，我们都需要非常具体的数据。

幸运的是，对于从哪里可以得到这种数据，我们有一个相当棒的想法。

✷ 发现的机器

地球上没有哪个地方比CERN与宇宙的毁灭打交道时间更久，尽管这并非其本意。它作为大型强子对撞机的所在地闻名遐迩，但其实CERN是一个由实验室和办公楼组成的庞大园区，占地约6平方千米，横跨法国和瑞士边境，靠近日内瓦。它基本上就是一个专营内容比较奇特的边境小镇，有自己的消防队和邮局，还有实验室和机械车间，以及一个如假包换的反物质工厂。从20世纪50年代开始，远在大型强子对撞机建成之前，CERN的物理学家就一直在加速和粉碎质子，他们开展的实验越来越复杂和灵敏，通过使亚原子粒子互相碰撞来研究其性质。这类实验帮助我们创建了粒子物理学的标准模型，而50多年来的持续实验未能在其中找到任何足够宽的裂缝，以插入某种新粒子。

然而，CERN一直在努力。当然，不仅仅是因为粉碎东西有着不容否认的超多乐趣。

粒子对撞机的关键是能量。将粒子更快地相互投射意味着最终碰撞产生

---

① 感谢马德里的理论物理学家和 CERN 科学助理何塞·拉蒙·埃斯皮诺萨。非常有帮助。

的能量更高，那么你能够触碰的新物理学的可能范围就越大。你可以把碰撞能量看作法定货币，通过 $E=mc^2$ 这个汇率来交换粒子质量。如果碰撞的总能量高于你试图创造的粒子的等效质量，那么只要你的理论允许该粒子和你使之撞在一起的粒子之间有任何形式的相互作用，你就有机会创造该粒子。对标准模型的扩展涉及的粒子往往比我们迄今为止探测到的那些粒子重得多，这意味着我们需要达到越来越高的能量才能找到它们。但是，即便已经达到了正确的能量阈值，你也需要创造一个粒子不止一次，才能获得有意义的从统计学角度来说可用的信号。大型强子对撞机不得不运行多年，粉碎了数以万亿计的质子[1]，才收集到足够的数据，带着可接受的确定性宣称已经找到了希格斯玻色子。

正是这种对能源前沿的不断推动，导致 CERN 不幸地获封生存威胁的名号。人们认为，人类从未见过如此多的能源集中在一个地方，谁知道会发生什么？其中一些担忧包括我们在前几章中探讨过的令人不安的情景，比如小黑洞的产生，或者引发灾难性的真空衰变。幸运的是，在迄今为止提出的每一个灾难场景中，我们都可以很容易地打消忧虑，因为与宇宙中发生在我们周围的暴烈粒子粉碎事件相比，大型强子对撞机几乎连一个小光点都算不上。但是，在某些格外焦虑的非物理学家看来，并不是每一种担忧都能够被很好地解释，或者被很容易地安抚，尽管大型强子对撞机已经完全无害地运行了十几年。当我在 2019 年 2 月访问 CERN 时，关于大型强子对撞机撕开进入另一个维度的门户，或者将宇宙转移到"坏时间线"的网络笑话，似乎和以往一样流行。

---

[1]　大概接近 10^{15} 个，这个量级已经很难用熟知的量词表述了。

在很大程度上，CERN园区本身并不是一个特别引人注目的地方。一旦你穿过华丽的公共接待大厅，就会发现那里有一种略显破旧的工业设施的感觉。一大片20世纪60年代的建筑交错混杂，低矮、单调，窗户上装着深色的金属百叶窗。每栋带着醒目编号的大楼都有自己的实验室或研究小组，办公室都贴有临时纸质名牌，以适应不断调来调去的科研人员。在整个园区里，CERN长期雇用的物理学家不到100人，其余的实验室和办公室由来自世界各地的数千名访问研究人员占据。他们花一周到几年的时间进行紧张的现场工作，以保持大型实验的运行。走在这些建筑幽暗的长廊里，你可能会忘记自己身处世界最著名的实验设施，并想象你是在随便某所普通大学的物理系里，窥视研究生和博士后研究人员敲击着笔记本电脑键盘，或在白板上书写方程式和工作计划。

不过，等你看到实验时，这种平平无奇的幻觉就会被迅速而永久地打破。

我对CERN的访问可以说是在该组织的两个极端之间奔波。在某些日子里，我静静地坐在理论组二楼明亮的办公室里，阅读论文，在茶室里休息时勾画方程式，与其他理论物理学家谈论真空衰变和我自己对暗物质的研究。在其他日子里，我戴着安全帽，站在地下100米的金属走道上，目不转睛地看着一个25米高、装有大量复杂得难以想象的仪器的圆柱体。CERN的实验装置是人类有史以来最先进、最精确的机器，由数千人的团队设计和建造，历时数十年，目的是找出在几微秒内衰变粒子的运动和能量的微小变化。同时，理论物理学家试图从类似但抽象的复杂方程式中求取这些实验对空间和宇宙本身性质的影响。这是一个令人振奋的地方。

　　然而，它也是一个高度官僚化的地方。这个机构受国际条约的约束，由23个国家组成的联盟管理，同时接纳来自地球各个角落的研究人员。对于规模如此之大、耗资如此之巨的项目来说，这样的合作是必要的，但CERN组织机构的结果是，国际政治对该设施和任何新实验的未来影响之深并不亚于任何科学考量。在我访问期间，餐厅的热门话题不是一些令人兴奋的新实验结果，而是一系列你来我往的报纸社论，辩题是CERN关于建造所谓的"未来环形对撞机"（FCC）的提议的价值。这座粒子对撞机如此之大，以至于27千米长的大型强子对撞机将仅仅成为一个预加速器，将质子的速度提高到可以开始在FCC的环中循环。FCC可以达到10^{14}电子伏的能量，这比目前在大型强子对撞机中可能达到的能量要高一个数量级。

　　正如弗雷亚·布莱克曼在我访问期间向我指出的，这些实验需要几十年的时间来建立，而来自当前实验的数据可能需要同样长的时间来分析，所以关于下一个实验方向的讨论必须现在就开始。我们正在通过大型强子对撞机及其即将进行的升级获得的那种数据，将需要我们再花10年甚至15年的时间来进行全面分析。"所以现在是决定的时候了，"布莱克曼说，"我们想要什么？我们想要一个电子-正电子对撞机吗？它应该是线性的，还是环形的呢？各自的优点和缺点是什么？我们是否想直接造一座更高能量的质子-质子对撞机？"

　　支持和反对未来对撞机（尤其是雄心勃勃的FCC）的争论，可能会变得相当激烈。即使你抛开成本（至少100亿欧元），关于更大的对撞机是否一定能找到新粒子的争论仍在继续。也许我们正在寻找的难以捉摸的"新物理学"只在连FCC这样的巨型机器都没有希望企及的高能条件下才会出现。或

189

者，说不定仅仅关注提高能量会使我们完全走上错误的道路，而某些新物理学的线索就隐藏在我们尚未探索的另一个体系中，甚至可能在我们已经拥有的数据中。

我在CERN采访的研究人员坚称，提高能量是推动我们前进的关键，哪怕只是为了更好地理解标准模型。毕竟，这确实给我们带来了真空衰变的阴影。如果这把达摩克利斯之剑要悬在我们头上，我们最好能知道它在上面到底在做什么。

安德烈·戴维，一位参与紧凑型 μ 介子线圈合作项目的大型强子对撞机研究员，在接待我参观该探测器时指出，上述原因是FCC和类似实验的一个关键动机。"人们说'哦，我们应该去做10^{14}电子伏级别的对撞机'的原因之一是，之后真的有机会得出一个定论。"

正如戴维指出的，我们已经有了一个难题：希格斯场的性质，以及它（和我们）的命运。我们已经获得的数据，以及正在努力分析的数据，可以让我们开始更细致地梳理出希格斯场的性质，但如果有了新的对撞机，我们也许终将可以回答，这种拿真空衰变威胁我们的不稳定性到底意味着什么。

正如我们在第6章所讨论的，希格斯势是决定希格斯场如何演化的数学结构，而且对我们来说很重要的是，它是否会把我们都送上绝路。在真正意义上，它是粒子物理学的圣杯。但就目前的理论而言，我们对它的样子知之甚少。基于我们目前的理解，它的形状敏感地取决于标准模型中几个难以计算的不同方面相互竞争的影响，如果存在某种更高能量的理论，情况可能会被彻底改变。

我采访的一些研究人员，包括CERN理论组的负责人（也是主要的超对称理论倡导者）约翰·埃利斯，怀疑希格斯场的明显不稳定性并不是真正的生存威胁，而是一种迹象，表明该理论有一些我们不了解的地方。

研究真空衰变的理论物理学家何塞·拉蒙·埃斯皮诺萨，希望找到方法来更好地理解希格斯势，以及我们在稳定"刀刃"上所处的不稳定位置可能意味着什么，而不是简单地等待一个真正的真空泡出现[1]。他说："我们生活在一个非常特殊的地方。所以对我来说，这有点耐人寻味。也许这种情形正试图告诉我们什么。"理解希格斯势的关键最终取决于所谓的运行耦合——粒子和场之间的相互作用，以及它们如何在高能碰撞中变化。"如果我们没有发现其他东西，那么这可能正是大型强子对撞机传达给我们的主要信息之一。"埃斯皮诺萨说，"当然，如果大型强子对撞机发现了新的物理学现象，那么最有可能的是会干扰耦合的运行。那么任何事情都可能发生。也许势是稳定的，或者也许更不稳定。我们无从得知。"

除了确定宇宙命运这个小（但很重要！）作用之外，对希格斯场更深入的理解可以向我们展示质量是如何运作的，或者为什么基本力表现出我们测量到的强度。它甚至有可能为联合各种力的理论指明方向，或者帮助我们理解量子引力。

能够从观测或实验中得到一些关于如何改进协调宇宙学或标准模型的指导，对我们来说将会非常有帮助。因为在纯理论方面，事情正在变得非常奇怪。

---

[1]　埃斯皮诺萨指出，这种方法尤其不可取，因为它不会教给我们任何东西，我们甚至看不到它的到来。

✸ 透过黑暗的玻璃

我最近看到一张诺贝尔奖得主、量子力学先驱保罗·狄拉克的黑白老照片。他站在普林斯顿高等研究院的院子里，肩膀上扛着一把斧头。从20世纪30年代到70年代，在多次访问该研究院期间，他的一个众所周知的习惯便是在研究所后面的树林里散步，为居住在那里的理论物理学家开辟新的道路，让他们边走边聊，边思考现实的本质。我本人在那些泥泞小道上的向导是尼玛·阿卡尼-哈米德。这似乎很合适，因为作为理论物理学家，他决心给我们目前对量子力学的理解，以及整个时空概念本身来一场大变革。

阿卡尼-哈米德一直在研究一种使用全新框架计算粒子之间相互作用的方法。这种框架从一种抽象的数学开始，严格来说，并不包括空间和时间。这项工作仍处于早期阶段，迄今为止，它更适用于某些理想化系统，而不是实验结果。但是，如果它成功了，其意义将是无比重大的。"我们现在看到的就跟过家家差不多，对吗？你可以尽管用那些讽刺之语贬损我们实际已经完成的工作，我完全理解。"他告诉我，"但就其价值而言，已经出现了一两个实际的具体物理系统的例子，与我们在现实世界中看到的相差不大，事实上我们可以想出如何在没有时空或量子力学的情况下描述它们。"我告诉他，我正在试图弄清楚生活在一个空间和时间都不真实的宇宙中意味着什么。他笑着说："咱们都一样。"

在你把这个想法当作古怪理论家的夸夸其谈之前，我应该指出，阿卡尼-哈米德并不是唯一一说这种话的人。"我相信你已经从很多人那里听到了这个说法,"几个月后,克利福德·约翰逊漫不经心地告诉我,"但我认为我们正在更好地认识到我们在弦理论中长期以来一直在谈论的一件事:时空不是必需的。"

哦,对。那个小细节。当然。

约翰逊处理这个问题的方法略有不同。量子引力理论中存在着一些耐人寻味的暗示:在小尺度和大尺度的物理学之间存在着意想不到的联系,而联系的方式用我们关于时空如何运作的惯常思维是解释不通的。一个可能的简化版解释是,想象你在一种假设的空间里做实验,空间的半径我们设为 R,那么实验的结果会和在一个更小空间里做同样的实验得到的结果完全一致,而这个空间的半径等于 1 除以 R。在弦理论中,这被称为 T 对偶。这是一个足够奇怪的巧合,就像它有什么深刻的东西一定要告诉我们一样。"如果你问人们这个问题,"约翰逊说,"人们会给出的答案是,在某种意义上,这一切都不是真的。这个意义具体就是,通过破坏大尺度和小尺度之间的区别,你其实是首先破坏了时空存在的全部意义。"

一些理论家试图让我放宽心。加州理工学院的宇宙学家肖恩·卡罗尔最近对量子力学的基础感兴趣,他认为我们关于时空并非严格真实的想法有点轻率了。"它是真实的,但不是必需的。"他告诉我,"就像这张桌子是真实的,但不是必需的。它是一个更高层次的新式描述。这并不意味着它不是真实的。"基本上,我们不应该在这个问题上过于纠结,因为时空并不是不存在,只是如果我们真的了解了它是由什么构成的,它在更深的层次上将完全呈现为另一种东西。

　　事实上，这并没有让我放宽心①。作为一名物理学家，当涉及我的课题时，我总是试图保持某种程度的冷静。但是，时空的真实性仅仅在于我们可以谈论和身处其中的意义上，而不是在宇宙实际上是由什么组成的意义上，这一想法仍然让我觉得它可能会随时在我脚下崩溃。

　　这是否与宇宙如何及何时终结相关，仍然是一个有待解决的问题。无论是否存在真实的时空，我们都"身在此山中"，时空的遭遇必定会影响我们。但是，如果对时空的新思考或量子力学的新阐释引导我们找到一些更深层次的基本理论，可能会大幅改变我们的观念。也许，正如约翰逊所言，大尺度和小尺度之间的联系可能意味着宇宙的新命运。或者，如果我们能够修订量子力学，我们将最终找到对暗能量的解释。阿卡尼-哈米德认为，即便确认了宇宙常数和热寂的未来，我们仍然需要理论方面的重大转变，以便能够从玻尔兹曼大脑或庞加莱回归的角度来谈论量子波动届时可能有何动作。"在我看来，所有这些事情都在量子力学的框架内得到解释和理解，这是非常不可能的。"他说，"我认为我们需要量子力学的一些扩展来帮助我们进行讨论。"

　　对于我们宇宙的本质，究竟存在着何种程度的解释，也仍然没有定论。在过去大约10年间，物理学家一直在努力研究"地景"的概念——一个理论上的多元宇宙，由可能存在的不同空间组成，这些空间的条件可能与我们的宇宙迥异。如果这样的地景真的存在，这可能意味着我们生活的空间属性只是环境使然，而不是由我们的才智尚未企及的某些深层原则设定的。这种

①　肖恩·卡罗尔向我指出的另一件事是，如果他对量子力学的解读是正确的，那么在平行宇宙中就有无数个其他版本的我们，此时此刻正屈服于真空衰变的淫威。因此，想从存在危机中缓口气的话，也许根本就不该去找他聊。

多元宇宙可以产生于某些版本的暴胀中，也就是新的泡状宇宙从某种永恒的预存空间永不停歇地膨胀出来。"我们是世界唯一解决方案的想法，在我看来是不对的。"阿卡尼－哈米德说，"但另一方面，当你尝试理解地景、永恒暴胀和所有这些东西时，它就成了这样一个泥潭。我认为整个问题的概念一开始就是错误的。"即使引入了一个可能宇宙构成的地景，基本问题仍然存在。"这些关于如何将量子力学应用于宇宙学的问题几乎从一开始就摆在我们面前了。它们并不新鲜。50年前它们非常困难，现在同样非常困难。"

"我非常坚定地认为，我们应该做的其实是回溯我们的脚步。"尼尔·图罗克说。他是一位宇宙学理论家，一直在研究宇宙暴胀的替代方案，曾在加拿大圆周理论物理研究所任职主任多年。"回过头来，倒退50年，然后说，'伙计们，我们是在沙子上盖大楼呢'。"

✺ 长远的考虑

在天体生物学中，有一个著名的德雷克方程。从理论上讲，它是一种计算银河系中我们可能有能力与之交流的文明数量的方法。你所要做的就是输入恒星的数量、其中有行星的比例、其中有生命的比例、其中有智慧生命的比例等，最后你会得出自己应该期待星际语音信箱中收到多少条信息。当然，这些输入数字中，许多是完全不可能确定的（至少根据目前掌握的数据是这样），这意味着最终的答案是没有意义的。德雷克方程的有用之处在于，它让我们思考有关地外生命的假设，并弄清楚在整个问题当中，我们知道什么，不知道什么。

与希拉尼亚·佩里斯交谈时，我想到，思考我们整个宇宙的最终毁灭可能也是如此。我向她提出，也许我们正在做这样一项计算：最后的数字并不重要，但计算本身却很重要。"数字并不重要，"她表示认同，"但我认为，通过手头掌握的不同选项开展的思维练习是很好的。"而且这种思想实验的后续影响最终可能会带来回报。"它可能会产生一些很酷的方法来检验这些假设，而不需要等待700亿年。"

我们要等多久才能取得突破？我们不知道（也不可能知道）。我们现在是在地图的边缘进行探索。克利福德·约翰逊非常乐观地认为，我们正朝着更透彻、更深入地理解物理学的方向发展，但他也承认有一些注意事项："说不定我们花了几百年时间收集所有这些数据，然后才看到信号，但我们回溯后发现，哦，它一直都在我们面前杵着呢。这是一种令人讨厌的可能性。但是，对于像我们正在试图回答的那些问题一样重大的问题，我觉得也可以接受。它凭什么非要在人类一生的时间内被解决呢？"

与此同时，我们将继续前进，在树林中开辟新的道路，看看我们可能会找到什么隐藏的东西。总有一天，在遥远未来的未知荒野深处，太阳会膨胀，地球会死亡，宇宙本身会走到尽头。在此期间，我们有整个宇宙可以探索，把我们的创造力发挥到极致，找到认识我们的宇宙家园的新方法。我们可以学习和创造非同寻常的东西，并且可以分享它们。而只要我们是有思想的生物，我们就永远不会停止发问："接下来会发生什么？"

后记

> "但是，如果我们在这里所做的一切都未必长久，如果哪怕最好的姿态也只有很小的机会延续到我们离世之后，我们还有什么理由不放弃呢？"
>
> "理由有的是呢。"鲁德说，"我们在这里，而且我们还活着。这是一个美丽的夜晚，夏天的最后一个完美日子。"
>
> ——阿拉斯泰尔·雷诺兹①，《推冰》（ Pushing Ice ）

---

① 阿拉斯泰尔·雷诺兹（ Alastair Reynolds ），英国科幻小说家。

马丁·里斯并没有建造什么大教堂。

在六月里的一个阳光明媚的早晨，我们坐在剑桥大学天文学研究所中他的办公室里。他告诉我，我们所知的人类将被遗忘。"在中世纪，大教堂的建造者很乐意建造一座在他们身故之后仍然耸立的大教堂，因为他们认为子孙会欣赏它，会过上和他们一样的生活。然而，我不认为我们如他们所想。"里斯是一位思考遥远未来的老手，曾经著书探讨人类的未来，以及我们可能意外毁灭自己的所有不同方式。根据他的说法，在文化和技术意义上的进化正在越发迅速，以至于无论未来几百年或几千年后占主导地位的智慧生命是什么，我们都无法预测它是什么样子。但我们可以肯定，它不会关心我们。"我认为，现如今希望留下流传百年的遗产，这样的野心要比我们的祖先更大胆。"他说。

"这让你不开心吗？"我问他。

"这让我很不开心。但是，世界凭什么非得是我们喜欢的样子呢？"

我们不可能只是认真思考宇宙的终结，最终却不接受它对人类的意义。即使你认为里斯的观点过于悲观，在任何时间线上有限的范围内也总会有一个点，我们作为一个物种的遗产到那里便要……不复存在。无论我们用什么基于遗产的合理化解释来与自己的死亡和平相处（也许我们留下了孩子，或者留下了伟大的作品，或者以某种方式使世界变得更好），这些都不能在万物最终毁灭之际幸存下来。总有那么一刻，在宇宙的层面上，我们是否曾经存在并不重要。宇宙很可能会消逝在冰冷、黑暗、空虚中，而我们所做的一切将被彻底遗忘。那么我们现在当何去何从？

希拉尼亚·佩里斯用一个词来概括："悲伤"。

"这非常令人沮丧。"她说,"我不知道对此还能说些什么。我在演讲中提到这可能是宇宙的命运,人们都哭了。"

这确实引发了一些思辨。"宇宙产生了一个非常有趣的时期,其间发生了很多事情,这在我看来非常耐人寻味。"她说,"然而,我们似乎要面对一个长得多,而且彻底黑暗、寒冷的时期。这是很可怕的。实际上,从这个角度来看,生活在宇宙学发展历程中我们第一次了解到所有这些东西的年代,我感到非常幸运。"

"这让我立刻感到了悲伤,"安德鲁·波岑同意,"然后我很快就开始担心此时此刻我们在地球上的问题,心想'得了吧'。我们的麻烦比宇宙的热寂要严重得多。所以,我想这让我开始思考我们作为一个文明在短得多的时间尺度上所面临的问题。如果我要担心什么,那将是这些,而不是热寂。"

"对于宇宙的死亡,我想我只是没有真正的情感联系。"波岑继续说,"但我对地球的死亡有。我不介意我在50年后或其他时间死亡,但我不希望地球在50年后死亡。"

我对这种观点很有同感。就我们真正应该担心的事情而言,热寂,或者真空衰变,或者大撕裂,或者其他什么,都排不到这个名单的首位(哪怕抛开我们完全无能为力的事实)。作为生命体,我们自然最关心自己的生命,以及在空间和时间上亲近我们的人的生命,而在大多数情况下,我们把宇宙遥远得无法想象的未来留给了它自己。

但就我个人而言,我仍然觉得,在某种情感意义上,"宇宙恒久远"和"终有竟时"之间存在着很大的区别。阿卡尼-哈米德也有同样的感觉。"在绝对最深的层次上，无论人们是否明确承认思考过这个问题（如果他们不承认，他们就更可怜了），如果你认为生命有目的，那么我实在不知道如何找到一个不与超越我们渺小的必死命运有关的目的。"他告诉我，"我认为很多人在某种程度上（还是那句话，无论是直白的还是含蓄的），都会因为觉得自己确实能够超越一些东西，而去研究科学或艺术或其他的事情。你触摸到了一些永恒的东西。'永恒'这个词，非常重要。它非常、非常、非常重要。"

弗里曼·戴森曾希望找到一种将智慧生命永久保存下去的方法。他在1979年的论文中提出了一种方法，通过一种涉及不断减缓处理速度和间歇性休眠的方案，将某种智能机器延续到无限未来。不幸的是，相关计算是在假设宇宙膨胀不会加速的情况下进行的，而现在看来，膨胀确实在加速。而如果加速继续下去，戴森的计划就不会成功。"这令人失望。"他承认，"我的意思是，你必须接受大自然的安排。这就像我们的寿命有限的事实一样。这并不那么悲惨。在很多方面，它令宇宙更加有趣。万物都在不停地演化。但是，一切都有一个有限的寿命，也许这就是我们的命运。当然，我还是更希望演化之路永无止境。"

谁知道呢？也许在某种意义上确实如此。罗杰·彭罗斯认为有一个更好的方法。他花了10年左右的时间来发展他的共形循环宇宙论。该理论假设宇宙不断循环从大爆炸到热寂，一次又一次，永无休止，而且还有一种诱人的可能性，即某些东西（来自前一个循环的印记）也许能穿越循环的界限。他认为，穿越的东西说不定包含着与任何有意识的居民有关的信息。这一想法目前还只是空想，然而那种可能性也许有着深远的影响。"我并不是说我就是这么认为的，但在某些方面我觉得它不那么令人沮丧……也许在一个人死后，我们还是可以相信他留下了一些遗产。"

或许，多元宇宙地景的可能性可以给我们安慰。乔纳森·普里查德是帝国理工学院的一名宇宙学家，研究工作涉及从宇宙暴胀到星系演化的方方面面。他在这样的想法中找到了希望：在我们沦为废热很久之后，在其他某个与我们没有联系的遥远区域，可能还有一些东西存在。"在某个地方，有一个多元宇宙，那里的事物永远延续着。"他说，"从情感上讲，我喜欢这种想法。"

"但我们还是会死。"我说。

他不为所动："这件事并不是只和我们相关，你懂的。"

哪怕我们自己不能加入永恒的多元宇宙聚会，至少我们即将到来的死亡对物理学来说是件好事。尼尔·图罗克指出，时间在未来终结的前景，加上我们宇宙视界的存在，给宇宙设置了严格的界限，也给理解这一切问题加上了贴心的限制。一道光在一个有限、膨胀、加速的宇宙中旅行，只能经历有限多次的振荡，哪怕是进入无限的未来。"事实上，我们生活在一个盒子里，明白吗？它是有限的。如果确实如此，我想这值得欣然接受，因为我们可以理解它。理解宇宙的问题变得简单多了，因为它是有限的。"他说，"过去是有限的；空间是有限的，因为视界的存在；未来是有限的，因为所有的东西都只会振荡有限的次数。哇！我的意思是，这是可以理解的。我是个天生的乐观主义者，我认为世界尽在我们的掌握。"

如果宇宙确实有终结的一天，无论以什么方式，我承认我们不妨与它和平相处。佩德罗·费雷拉在这一点上比我看得开。"我觉得那样很好啊。"他说，"那么简单，那么干净。"

"我一直不明白为什么人们会对末日、对太阳和一切的消亡感到那么沮丧。"他继续说，"我就很喜欢它的宁静。"

"这么说我们在宇宙中最终留不下任何遗产，对你来说也并不困扰？"我问他。

"是的，一点也不。"他说，"我非常喜欢我们的短暂……这一直吸引着我。这些稍纵即逝的事物，是我们的所作所为，是过程，是旅程。谁在乎你的目的地呢，对吧？"

我承认，我仍然在乎。我尝试着不去纠结于它，纠结于结局，纠结于最后一页，纠结于这个伟大的存在实验的结束。是旅程，我暗自重复道。是旅程。

无论发生什么，都不是我们的错，这也许是一种安慰。芮妮·赫洛泽克认为这肯定是一个附加的好处。

"我喜欢这样一个事实，即我的工作，即便我做得百分之百完美，即便我是一个无与伦比的科学家，宇宙的命运也不会因此而改变。"她说，"我们要做的就是理解它。而且，即使你真的理解了它，也没办法改变它。我认为这对我们来说是一种解脱，而不是恐怖。"

对赫洛泽克来说，热寂并不令人沮丧，也不无聊。她称其"寒冷而美丽"。"就好像宇宙把自己收拾干净了。"她说。

"我希望人们从你的书中得到的是，人类有可能通过对光的观察（应该还有引力波，但我们暂且只说光吧），用相对简单的数学对宇宙的图景做出了不起的推断。"赫洛泽克说，"即使我们无法改变它，即使这些知识都会消失，所有的人类都会死，这些知识此时此刻也是了不起的。这基本上就是我干这一行的原因。"

我想我明白她的意思。我是否想揭开宇宙的秘密，哪怕我不能分享或保留这些知识？是的，我想。这似乎很重要。"做这件事有其目的，哪怕目的终将烟消云散。"

"因为它改变了你现在的身份，对吗？"她同意，"我很高兴我们能生活在宇宙中一个可以看到暗能量而不被它撕碎的时代。但这意味着，重点是你了解它，并且享受它，然后'再见，谢谢所有的鱼'①。酷！"

酷！

---

① 出自英国著名科幻作家道格拉斯·亚当斯同名小说。